認定年月日	平成5年9月15日
職業訓練の種類	普通職業訓練
訓練課程の種類	短期課程 二級技能士コース

二級技能士コース

塗 装 科

〈選択・金属塗装法〉

独立行政法人 高齢・障害・求職者雇用支援機構
職業能力開発総合大学校 基盤整備センター 編

は し が き

　近年，わが国における機械設備の近代化，生産技術の進歩には，めざましいものがある。このため各種産業の生産現場で働く技能者は，これらの新しい事態に対応し得るように，つねにその技術・技能を向上させ，その裏づけとなる知識を系統的に身につけることが肝要である。

　この教科書は，塗装技能検定試験の基準及びその細目に示す二級学科試験の試験科目及びその範囲に準拠し，塗装科選択教科目「金属塗装法」教科書として，別冊の共通教科目教科書とともに，技能者が現場において近い将来管理者的立場で活躍し得るよう十分配慮し，自学自習できるように編集したものである。

　なお，この選択教科書の作成にあたっては，次のかたがたに教科書作成委員としてご援助をいただいたものであり，その労に対し，深く謝意を表する次第である。

（作成委員）	（五十音順）
雨宮　　博	岩田塗装機工業㈱
岡田　勇司	㈱岡田塗装所
剣持　雄治	岩田塗装機工業㈱
繁昌　孝二	大阪職業能力開発短期大学校
柳田　昭雄	関西ペイント㈱東京工場 カンペ東京研修センター

（作成委員の所属は執筆当時のものです）

独立行政法人　高齢・障害・求職者雇用支援機構
職業能力開発総合大学校　基盤整備センター

本書においての単位系の取扱いについて

　本書において使用する単位系は，基本的にSI単位を使用するが，生産現場および施工現場における従来単位系の残存状況を考慮して，SI単位系と従来単位系との併記とした。
　具体的には，9.8N（1 kgf）のようにSI単位系を主として記し，（　）中に従来単位系を記した。
　ただし，法文中の単位については，法文をそのまま使用する場合に限り，その法律等で使用されている単位系をそのまま記した。
　以下にSI単位系の概略について説明する。

1．SI単位導入の経緯

　物を測定するとき，比較の基準とするものが，日本では尺貫法からメートル法へと変化し，昭和33年完全にメートル法に統一された。
　世界各国でも，おのおのの国でいろいろの測定単位を使用していたが，物の流通が世界的に広がり，取引上不都合が多くなってきたので，昭和35年（1960年）国際度量衡総会で「一量一単位」の世界共通の国際単位（SI）が採択された。SIとはフランス語のSystème International d' Unitésのはじめの2つの頭文字からきている。
　これを受けて平成4年に新計量法が施行され，平成11年（1999年）末までに一般社会でも全面的にSI化することが決まっている。

2．代表的な単位の考え方

（1）力について

　私たちは，物体の質量に比例して働く重力，すなわち重量によって質量の大きさを感じとっている。
　従来，質量1 kgに対する重量キログラムを基本単位とする重力単位系が用いられてきたが，その単位記号に質量と同じkgを使用してきたこともあり（現在も日常生活では多く使用している。），質量との混乱が生じやすかった。そのため，質量との区別をするため，重量を表す場合には1 kgfを使用するようにしてきた。
　力というものはある質量の物体に加速度を与える作用のことであるから，1 kgfという重量は，1 kgの質量の物体に$9.8 m/s^2$（重力加速度）の加速度を与える力である。つまり，私たちは，力によって質量を感じとっていたわけであり，重量は重力加速度が及ぼしていた力なのである。
　SI単位系では，力の単位はN（ニュートン）であり，1 kgの質量の物体に作用して$1 m/s^2$の加速度を生じさせる力が1Nである。

◎力の単位はNであり，質量の単位はkgである。
◎従来単位の力をSI単位に換算すると，
　　1 kgf≒9.8N（正確な換算係数は，9.80665）である。

（2）圧力について

　国際単位系では，圧力の単位にはPa（パスカル），応力の単位にはPaまたはN/m^2が使用される。この1 Paは，$1 m^2$の面積に1Nの力が作用することである。

◎従来単位系の圧力をSI単位系に換算すると，
　　$1 kgf/cm^2 = 9.80665 \times 10^4 N/m^2 ≒ 9.8 \times 10^4 Pa ≒ 100 kPa = 0.1 MPa$（この場合のMは，メガと読み$10^6$のことを表す接頭語である。）となる。

◎応力単位のN/m^2で実際には数値が大きすぎる場合は，N/mm^2として使用している。

目　　次

第1章　被塗装物および素地調整 …………………………………………… 1
第1節　被塗装物の種類および性質 ………………………………………… 1
 1.1　鉄鋼材料(1)　1.2　非鉄金属とその合金(2)
 1.3　鋼　板(3)　1.4　合成樹脂(プラスチック)(6)
第2節　素地調整の方法 ……………………………………………………… 7
 2.1　脱脂処理(7)　2.2　さび落とし処理(10)
 2.3　被膜化成処理(14)

第2章　金属塗装の工程 ……………………………………………………… 17
第1節　塗装工程の作業内容 ………………………………………………… 17
 1.1　防せい(錆)塗装の意義(17)　1.2　パテ付け(20)
 1.3　中塗り(サーフェーサー塗装)(23)　1.4　仕上げ塗りおよび磨き仕上げ(23)

第3章　金属塗装の方法 ……………………………………………………… 26
第1節　塗装方法 ……………………………………………………………… 26
 1.1　はけ塗り(26)　1.2　ローラーブラシ塗装(27)
 1.3　吹付け塗り(28)　1.4　静電塗装(56)　1.5　粉体塗装(59)
 1.6　浸漬塗装と電着塗装(60)　1.7　カーテンフローコーター(61)
 1.8　ローラーコーター(62)　1.9　その他の塗装方法(63)
 1.10　塗装室(66)
第2節　各種塗料に応じた塗装法 …………………………………………… 70
 2.1　基本的条件(70)　2.2　金属塗装における塗装法(70)
 2.3　油性調合ペイント塗り(74)　2.4　合成樹脂調合ペイント塗り(76)
 2.5　アルミニウムペイント塗り(79)　2.6　フタル酸樹脂エナメル塗り(81)
 2.7　ラッカーエナメル塗り(84)　2.8　アクリル樹脂エナメル塗り(87)
 2.9　エポキシ樹脂塗料塗り(89)　2.10　ポリウレタン樹脂塗料塗り(91)
 2.11　さび止め塗料(電着塗料)塗り(93)　2.12　アミノアルキド樹脂エナメル塗り(96)
第3節　被塗装物の種類および用途に応じた塗装法 ……………………… 97
 3.1　自動車の塗装工程(98)　3.2　車両の塗装工程(100)
 3.3　電気機器の塗装工程(101)　3.4　船舶の塗装工程(106)

  3.5　事務器, 鋼製家具の塗装工程(109)　3.6　がん(玩)具の塗装工程(110)

  3.7　プラスチック製品の塗装工程(110)

 第4節　機能別塗装　…………………………………………………………115

  4.1　耐薬品の塗装(115)　4.2　耐熱塗装(116)　4.3　防火塗装(117)

  4.4　放射線防御塗装(117)　4.5　長期防食塗料の塗装(118)

  4.6　その他(119)

 第5節　特殊金属塗装(変わり塗り)　……………………………………………120

  5.1　メタリック塗装(121)　5.2　ハンマートーン塗装(122)

  5.3　パール塗装(122)　5.4　クラッキング塗装(123)

  5.5　ちりめん塗装(123)　5.6　結晶塗装(123)　5.7　レザートーン塗装(124)

  5.8　木目塗装(124)　5.9　マーブル塗装, べっこう塗装(124)

  5.10　なし(梨子)地塗装(125)　5.11　光塗装(菊花塗り)(125)

  5.12　すみ流し塗装(126)　5.13　乱糸塗装(126)

 第6節　塗り替え塗装　………………………………………………………127

  6.1　塗り替え時期(127)　6.2　旧塗膜のはく離方法(128)

  6.3　自動車の補修塗装(129)

「選択」　金属塗装法

第1章　被塗装物および素地調整

　鉄鋼をはじめとする各種の金属は，空気中やその他の環境に放置すると腐食する。金属塗装では，このさびの発生を防ぐことが重要な目的であるが同時に金属製品に色彩，光沢などの美観や機能的性能を与えることも必要である。

　実際の塗装では，防さび効果や付着性を得るための金属表面処理，さび止め塗料による下塗り，被塗面のおうとつ（凹凸）を修正するパテ付け，水分の透過防止や，平滑な塗面を得る中塗り，色彩や耐久性を得る上塗りというように，各種の塗料の組み合わせによる塗装系によって，金属塗装の目的が達せられている。

　被塗装物としての金属材料は，鉄鋼とアルミニウム，銅などの非鉄金属とに大別される。

　鉄鋼でも普通の鋼板と鋳物では，素地調整の段階から大きく工程が異なる。また非鉄金属においては，鉄鋼と異なる特別の素地調整が必要となる。このように被塗装物の材料の性質により，それに適応するような塗装工程が必要となるので被塗装物の材料の特性の概要を知っておく必要がある。

第1節　被塗装物の種類および性質

　金属には多くの種類があり，一部の金属を除いては常温では結晶固体であり，金属特有の光沢（金属光沢）をもっている。

　化学的にはイオン反応を示し，酸を加えると，多くの金属は水素を発生して溶解したり，酸素と反応して酸化物をつくったりする。物理的には，熱や光などには比較的安定で，強い力を加えると伸びる性質，引張り強さ，圧縮強さ，ぜい（脆）性，曲げ強さなどが強く，弾性もあるなどすぐれた性質をもっている。

　金属材料のなかで，特に鉄は，金属生産量の99％以上を占めており，圧倒的に多い。

　塗装素地となる金属材料は，やはり鉄およびその合金である鉄鋼材料がほとんどで，非鉄金属材料では，アルミニウム，銅およびそれらの合金が代表的なものである。

1.1　鉄鋼材料

　鉄鋼材料は，鉄単独として用いられることはほとんどなく，合金として用いられるのが普通である。鉄鋼材料の分類には，さまざまな方法があるが，その性質は含まれている合金元素によって大きく異なり，炭素鋼，合金鋼，鋳鉄に大別することができる。

（1）炭素鋼

炭素鋼は，鉄（Fe）の中に炭素（C）を含んだ鉄―炭素系合金である。不純物として，微量のりん（P），いおう（S）などを含有している。

炭素鋼は溶鉱炉から出た鉄（銑鉄）を製鋼炉で精錬して製造される。炭素の含有量の多い銑鉄に比べ，粘り強く，加工性がすぐれている。一般に鉄と呼ばれているのは鋳物を除き現在ではほとんどが炭素鋼のことである。鉄には鋼板，鋼帯，棒鋼および各種の形鋼があり，建築物，橋，船舶，車両，その他の構造物に広く用いられている。

(2) 合 金 鋼

特殊鋼ともいわれ，各種の性質を与えるために炭素鋼に，ニッケル（Ni），クロム（Cr），モリブデン（Mo），けい素（Si），マンガン（Mn），アルミニウム（Al）などの合金元素を加えたもので，多くの種類がある。これらの中で，ステンレス鋼（鉄鋼記号SUS材）は比較的よく使われる。

鉄鋼はさびが発生しやすいものであるが，炭素鋼にCrを合金化させるとCr量の増加にともないさびにくくなり，Cr量12〜13％以上で耐食性が特によくなる。このように，炭素鋼にCrを13％以上添加して，さびにくい性質を与えたものをステンレス鋼という。ステンレス鋼は，このCrを主な合金元素としたCr系と，さらに耐食性を向上させるためにNiを加えたCr－Ni系に大別される。

ステンレス鋼は，さびの発生がほとんどないので，塗装系としてはあまり取り扱わないが，装飾的な意味で塗装されることもある。

(3) 鋳 鉄

鋳鉄は，炭素含有量の多い鉄で，炭素（C）のほか，けい素（Si），マンガン（Mn），りん（P）などを含み，炭素含有量が2％以上のものをいう。鋳型に溶融した鉄を流し込んだもので，工作機械，美術品，日用品，その他に使われている。

鉄は，鋳型から取り出してみると，表面はおうとつ（凹凸）が多く，極めてあらく，巣穴が多く酸化皮膜で覆われている。

1.2 非鉄金属とその合金

非鉄金属は化学的にも鉄とは性質が異なっていて，素材としては金属であっても，明確に分けておかなければならない。代表的な非鉄金属には，次のようなものがある。

(1) アルミニウムとその合金

アルミニウム（Al）は，軽金属の代表的なもので，軽量で，比較的強度が強い金属である。圧延して多くの製品がつくられ，塗装用材料としても金属粉として利用されるほか，アルミニウム鋳物としても広く使われている。

アルミニウムは，空気中で薄い酸化皮膜ができ，その膜によって内部を保護し，さびの進行を防ぐ。人工的に表面処理を行ったアルミニウムをアルマイトと呼んでいる。

アルミニウム合金としては，ジュラルミンが代表的なもので，この合金は，アルミニウム（Al）を主成分として，銅（Cu），マグネシウム（Mg），マンガン（Mn）などのほか，鉄（Fe），けい素（Si），亜鉛（Zn）などを含んだものである。アルミニウムより強度が強く，特に航空機などには欠くことのできない合金である。

(2) 銅および銅合金

銅は，赤褐色の金属で，電気の良導体なので，電気器具に多く使われている。また，展延性にすぐれているので，機械類の管やコック，バルブなどにも使われている。

銅は，一般的に，そのままでは大気中の水分，酸素，炭酸ガスなどによって酸化され，黒褐色の酸化銅と緑色のさびの塩基性酸化銅になる。

このほか，銅合金として，黄銅（真ちゅう），青銅（ブロンズ）がある。黄銅は，銅に主に亜鉛（Zn）を加えた合金で，金色の美しい色や光沢などが金と似ているので，その代用として広く使われている。青銅は，銅にすず（Sn），鉛（Pb），亜鉛（Zn）などを加えた合金で，各種の機械の部品に使われるほか，銅像や美術工芸品などに広く使われている。耐食性もよく，工業用として広く使われている。

1.3 鋼板

金属製品塗装における被塗装物としての金属材料のなかで，いちばん多く使用されるのは鋼板である。鋼板を分類すると次のようになる。

鋼板 ┤ 普通鋼板
　　　 表面処理鋼板
　　　 耐候性圧延鋼板（JIS G 3125, 3114）
　　　 熱間圧延ステンレス鋼板（JIS G 4304, 4305）

ここでは，特に塗装の対象となる例が多い普通鋼板と表面処理鋼板の一部について説明する。

(1) 普通鋼板

普通鋼板には，熱間圧延軟鋼板（JIS G 3131）と冷間圧延鋼板（JIS G 3141）がある。

a．熱間圧延軟鋼板　熱間圧延軟鋼板は，鋼塊（インゴット）を熱間圧延によって薄くした鋼板で，黒鋼板ともよばれ，JISでは表1－1のように3種類に分けられ，亜鉛鉄板，ブリキ板などの原板としても使用される。

表1－1　熱間圧延軟鋼板の種類と記号

種類の記号	摘　要
SPHC	厚さ1.0mm以上13mm以下の一般用
SPHD	厚さ1.2mm以上 6mm以下の絞り用
SPHE	厚さ1.2mm以上 6mm以下の深絞り用

b．冷間圧延鋼板 冷間圧延鋼板は，熱間圧延によって板状にされ，巻き取られたホットコイルを酸洗いによって表面のスケールを取り除いた後，50％あるいはそれ以上の圧延率で冷間圧延し，さらに焼きなましおよび調質圧延を施してつくられる。JISでは，表1－2のように3種類に分けており，調質区分および表1－3のように表面仕上げ区分を設けている。

表1－2

種類の記号	摘　　要
SPCC	一般用
SPCD	絞り用
SPCE	深絞り用

表1－3　　　　冷間圧延鋼板の表面仕上げ区分

表面仕上げ区分	表面仕上げ記号	摘　　要
ダル仕上げ	D	機械的または化学的に表面をあらくしたロールでつや消し仕上げされたもの
ブライト仕上げ	B	なめらかに仕上げたロールで平滑仕上げされたもの

(2) 表面処理鋼板

普通鋼板に表面処理したものである。古くはトタン板やブリキ板の名称で愛用されてきたものである。最近では用途の多様化に応じて，さまざまな表面処理が行われている。

通称カラートタンとよばれる塗装溶融亜鉛めっき鋼板及び鋼帯（JIS G 3312）やポリ塩化ビニル金属積層板（JIS K 6744）のように樹脂を被覆したものなども表面処理鋼板に分類されるが，ここでは，塗装素材として関係の深い亜鉛めっき鋼板について説明する。

亜鉛めっき鋼板は，最も代表的な表面処理鋼板で，亜鉛の犠牲防食作用（ガルバニックアクション）によって鉄の腐食が抑制されるため，長期間の防食性が必要な屋外部分や，赤さびの発生をきらう家電製品，鋼製家具などに広く用いられている。

亜鉛めっき鋼板を分類すると，表1－4のようになる。

表1－4　　　　亜鉛めっき鋼板の種類

めっき法による分類	めっき金属による分類	めっき層の構成	備　考
溶融亜鉛めっき鋼板	a) 溶融亜鉛めっき鋼板（非合金化）	Zn / 地鉄	JIS G 3302
	b) 合金化溶融亜鉛めっき鋼板	Zn-Fe / 地鉄	
	c) 溶融亜鉛-5%アルミニウム合金めっき鋼板	Zn-Al / 地鉄	JIS G 3317
電気亜鉛めっき鋼板	d) 電気亜鉛めっき鋼板	Zn-Ni, Zn, Zn-Mo-Co / 地鉄	JIS G 3313
	e) 電気合金めっき鋼板	Zn-Ni系 / Zn-Fe系 / Zn-Mo-Co系	二層にめっきしたものもある。

① 溶融亜鉛めっき鋼板

　溶融した金属亜鉛の中に鋼板を浸漬してめっきしたもので，耐食性に特に影響を与える亜鉛付着量を規定したものが，JIS亜鉛鉄板である。現在は，JISで定めた亜鉛鉄板より亜鉛付着量の少ない鋼板も生産されている。亜鉛めっき鋼板の表面は，以前はスパングルとよばれる花模様のあるものが多かったが，現在ではスパングルを消したゼロスパングルやミニマムスパングルが多くなってきている。

② 合金化溶融亜鉛めっき鋼板

　溶融亜鉛めっきした後，加熱により地鉄をめっき層に拡散させて，亜鉛－鉄（Zn－Fe）の合金めっき層を形成させたものである。これにはスパングルがなく，表面は適度な凹凸があり，塗装においては塗料の付着性がよく，仕上がりも前述の溶融亜鉛めっきより美しくなる。

③ 溶融亜鉛－5％アルミニウム合金めっき鋼板

　めっき鋼板の最大の特徴は耐食性である。耐食性は亜鉛の付着量を多くすることによって向上するが，亜鉛よりさらに腐食速度が小さい亜鉛合金をめっきにすることによっても向上する。溶融合金めっきでは，亜鉛－アルミニウム（Zn－Al）合金めっきが代表的で，アルミニウム5％のもので亜鉛の2～3倍の耐食性があるといわれている。

④ 電気亜鉛めっき鋼板

　溶融亜鉛めっき鋼板は，成形加工性や表面仕上がり性が若干劣る。これを解消したものが電気亜鉛めっきである。亜鉛付着量は，3～40 g/m^2 が標準で，溶融亜鉛めっき鋼板より少ないが，これより付着量が多いものはコスト高になるので，高耐食性を要求される用途には向かない。

⑤ 電気合金めっき鋼板

　電気亜鉛めっきの少ないめっき量で，さらに耐食性を向上させるため開発されたのが，電気合金めっき鋼板である。亜鉛－ニッケル合金，亜鉛－鉄合金，亜鉛－モリブデン－コバルト合金などが代表的なもので，二層めっきされたものも開発されている。

(3) 亜鉛めっき鋼板の表面処理

　亜鉛めっき鋼板は，めっき処理をした後，さらに化成処理により，表面処理をしたものである。表面仕上げにはりん酸亜鉛処理，クロメート処理および無処理の3種類がある。りん酸亜鉛処理のものは，そのまま塗装できる。

　クロメート処理には，塗装を前提に一時防せい（錆）的に薄くクロメート処理したもの，裸使用を前提に耐食性にすぐれたクロメート処理をしたもの，塗装もできる耐食性のよいクロメート処理をしたものがある。

　無処理のものは，通常塗油してあり，りん酸亜鉛処理やクロメート処理のものにも塗油してある場合があるので，塗装時に脱脂が必要である。

　このように，亜鉛めっき鋼板の表面仕上げ処理は，仕様がさまざまなので，塗装前に処理の種類

を確認する必要がある。

1.4 合成樹脂（プラスチック）

プラスチック材料は物性，軽量性，成形加工性等のすぐれた特性から，各分野で広範に使用されている。プラスチックに防せい処理は不要であり，またそれ自体に着色が可能であるため，すべてが塗装の対象ではないが，品質向上要求，高級化指向に伴い，機能性の付加や美観効果を上げるための塗装が増加している。

プラスチック材料には熱によって軟化する熱可塑性樹脂と，熱反応によって硬化する熱硬化性樹脂とがある。表1-5に主な合成樹脂材料とその略号を示す。

表1-5　　　　　　　　　　合成樹脂の種類と略号

熱可塑性樹脂				熱硬化性樹脂	
塩化ビニル樹脂	PVC	アセタール樹脂	POM	フェノール樹脂	PF
ポリビニルアルコール	PVA	アクリル樹脂	PMMA	メラミン樹脂	MF
酢酸ビニル樹脂	PVAC	ふっ素樹脂	PTFE	フラン樹脂	FF
ポリスチレン	PS	酢酸セルロース	CA	エポキシ樹脂	EP
ABS	ABS	ポリカーボネート	PC	不飽和ポリエステル樹脂	UP
ポリエチレン	PE	メチルペンテン樹脂	TPX	ジアリルフタレート樹脂	DAF
ポリプロピレン	PP	エチレン酢酸ビニル樹脂	EVA		
ナイロン	PA	ポリウレタン	PU		
		ポリエステルエラストマー	PETP		

塗装の目的は素材の保護と，美観効果にあり，プラスチック塗装は金属と異なり，防せい効果は要求されないが素材に起因する特殊な機能が要求されることがある。素材の保護として，耐薬品性，耐溶剤性，耐候性，耐衝撃性，耐擦傷性，付着性があり，美観効果として平滑性（成形模様，強化繊維の陰ぺい(蔽)性）があげられる。

メタリックのような多彩な色彩，表面光沢の調整や，その他導電性の付与，電磁シールドなどもある。

プラスチック材料の特性を金属材料と比較すると比重が0.8～2.2と軽く，機械的性質の引張強さでは，10～80MPa（100～800kgf/cm^2）と鉄の約1/10と弱く，化学的性質の耐熱連続使用温度では，60～280℃（テフロン）と熱に弱いことがあげられているが，前記した成形加工の容易さから，製品単価が安く作れることで，各種の樹脂の特性を生かした形で使われる。

プラスチックに塗装する場合の留意点は素材の耐溶剤性，付着性（極性と結晶性，離型剤），耐熱性（塗膜乾燥時の変形，その他），物性（硬質，軟質）など素材の性質をよく調べて塗料および塗装仕様が設定されなければならない。

第2節　素地調整の方法

　塗装によって，防食，防せい，美観の目的を十分に発揮するために素地調整は重要な塗装の工程であり，塗装作業の基盤である。
　素地に付着している油脂および赤さび，黒皮（ミルスケール）のほか，溶接，熱処理を行った部分に生ずる種々の酸化物は塗膜の付着性を妨げ，塗膜不良の原因となるのでこれらを取り除くための入念な素地調整が必要である。
　金属の素地調整は，脱脂処理，さび落とし処理，および皮膜化成処理に大別できる。

2.1　脱脂処理

　金属表面に付着している油脂には，防せい油，潤滑油，切削油，焼入れ油など，さまざまな鉱物油や植物油がある。これらを取り除くためには，油脂の種類を調べ，現場の状況や廃液処理なども考慮に入れて，最も効果的で経済的な脱脂方法を選ぶ。
　脱脂の方法には，フレーム脱脂（から焼き法），アルカリ脱脂，溶剤洗浄，エマルション脱脂，電解脱脂などがあり，必要に応じて単独または組合せて行う。

(1)　フレーム脱脂（から焼き法）

　油脂による素材の汚れがひどい場合，焼くことによって素材の材質および形状が変化しないことを条件に，フレーム脱脂を行う。このときの温度は300℃以上となる。

(2)　アルカリ洗浄法

　素材に付着している油脂が鉱物質のものであれば単なるアルカリ性薬剤であるか性ソーダ，炭酸ソーダの水溶液では脱脂洗浄することはできない。しかし動植物油脂であれば，アルカリ性薬剤水溶液を使用し，できれば加温水溶液に浸漬すればけん（鹸）化作用により油脂分は石けん化されて流れ落ち，水洗いまたは湯洗すれば素地は洗浄される。ただし，軽金属類はこの方法を用いてはならない。
　現在は前記のような方法のほかに，石けん水，3％か性ソーダ，3％メタけい酸ソーダ，3～5％りん酸ソーダに浸漬するか，煮沸し，水洗いまたは湯洗をする。

(3)　有機溶剤洗浄法

　これに使用する溶剤は，揮発油，ベンジン，トリクロルエチレン，パークロルエチレン，ソルベントナフサ，塗料シンナー，ラッカーシンナーなどが普通使用される。
　これらの溶剤の個々について説明する。

①　揮発剤

　燃料に使うものと，そうでないものがある。燃料用には，特殊成分が含まれているので，使用し

② ベンジン

普通に石油ベンジンと称されている。石油ベンジンという名称は，溶剤として使用される揮発性石油製品に広く用いられている。したがって，その性質も一定していない。軽質ベンジンは，石油エーテルと大差なく，重質ベンジンはリグロインと大差ない。

　　沸点　　60〜120℃（代表的なものは80〜100℃）
　　比重　　0.670〜0.740 (15℃)

飽和炭化水素類は，沸点が上昇するにしたがい，また環状化合物，特に芳香族炭化水素の含有量が増すにしたがって，溶解能力が増大する。

③ トリクロルエチレン

各種工業において，その製造工程中に必ず金属材料の脱脂洗浄などの表面処理をしなければならない。従来はアルカリ洗浄あるいは各種溶剤などの可燃性洗剤を使用していたが，爆発・火災の危険もあった。トリクロルエチレン（トリクレン）は溶解力，浸透力も強く，しかも不燃性溶剤である。また無色透明の比重の大きい中性の液体で，クロロホルムのような芳香があり，安定性が強い。ただし限られた，きわめて高温の条件下では，おだやかな燃焼性を示す。蒸気は空気よりおよそ4〜5倍重いので，密閉された場所では空中に霧散するよりも，水のように低い方に流れる傾向がある。水には溶解せず，大部分の有機溶剤に溶解する。

　　沸点　　89.9℃
　　比重　　1.473〜1.475 (15/4℃)

[トリクロルエチレンの特性]

(a) 液相，蒸気相ともに引火性がない。ただし極端な高温で炎，裸火に触れるとゆるやかな燃焼を起こして分解する。

(b) 溶解力が強く，動植物性油脂類，鉱物性油脂類，天然および合成ゴム，樹脂などを容易に溶解する。

(c) 安定性が強いので一般には分解のおそれがない。そのため装置や被洗浄物を腐食したり，汚したりすることはない。

(d) 表面張力が小さく比重が大きいので，複雑な形状の洗浄物のすみずみまで浸透する。その浸透力と油脂類に対する溶解力とで脱脂作用を行う。

(e) 人体におよぼす作用は少ないが，多少の麻酔性を有し，換気の悪い場所で作業すると気分が悪くなるので取扱いおよび保管には注意を要する。

表1-6　引火性，発火性の比較

溶剤名	引火点℃	発火点℃
トリクロルエチレン	なし	なし
パークロルエチレン	なし	なし
四塩化エタン	なし	なし
エタノール	14	427
メタノール	12	500
ベンゾール	−11	700
アセトン	−16	470
ガソリン	−46	260

④ パークロルエチレン

パークロルエチレンは，無色透明の比重の大きい液体で，クロロホルムのような芳香があり，燃えないので火災の危険はない。一般的にきわめて長く安定性を保つ。

沸点　　117～123℃

比重　　1.628～1.632（15/4℃）

上述のように強い安定性を利用して軽金属の脱脂洗浄に用いられる。特にアルミニウムはく（箔）は，コンデンサ部品のアルミニウム部分，表面積が小さくすぐ高温に達してしまうような極小部品の洗浄などにすぐれた効果がある。

⑤ 塗料用シンナー

この溶剤は，塗料（主に合成樹脂調合ペイント，フタル酸樹脂エナメルなど）を希釈するのに用いられるものであるが，場合によっては脱脂洗浄に用いられることもある。

混合溶剤で，その組成は，

　　ミネラルスピリット　　70％

　　ソルベントナフサ　　　30％

　　　　（いずれも質量比）

である。

⑥ ラッカーシンナー

この溶剤はラッカー系塗料の希釈剤であるが，場合によっては脱脂洗浄に用いられることもある。

混合剤で，組成は，

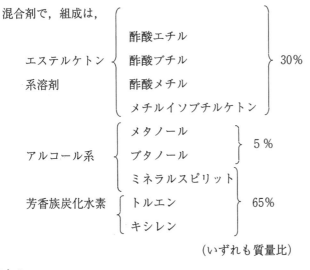

である。

(4) エマルション洗浄法

油脂および鉱物油類は，一般に高温においてはケロシンのような高沸点留分の炭化水素に溶解しやすい。ケロシンを脱脂に使用すると，脱脂後金属表面から溶剤を除去することが困難であるから，

適当な表面活性剤を使用するのが普通である。表面活性剤の1種類または数種類をケロシンの中に混入したもので脱脂し，次に水洗いすると油脂およびケロシンが乳化して簡単に除去できる。

(5) 電解洗浄法

電解洗浄法は，単にアルカリ洗浄液に品物を浸せきすることよりも効果のあることは古くから知られている。電解洗浄は一般に80〜90℃の熱アルカリ液中で行う。

2.2 さび落とし処理

さびには除去しやすいものと非常に除去しにくいものとがある。鉄以外の金属のさび，すなわち酸化物は，空気中では比較的進行が緩慢であり，また，除去することも容易である。しかし鉄のさびには酸化物と製造過程でできる過酸化物とがある。前者を酸化第二鉄，後者を四三酸化鉄といい，酸化第二鉄は比較的除去しやすいが，四三酸化鉄は硬く，なかなか除去しにくい。

さびを除去する方法には，ウェザリング（空気中に自然暴露），布やすりがけ，ワイヤブラシがけ，パワーブラシがけ，ディスクサンダがけ，サンドブラストがけ，ショットブラストがけ，グリットブラストがけなどがある。以上は物理的，機械的にさびを除去する方法であるが，最近，種々の混合薬品でさびを除去する方法が行われている。

(1) ウェザリング（自然暴露）

空気中に放置してさびを浮きあがらせて除去する方法であるが，厚板の場合はよいが薄板の場合は適さない。この方法では黒皮（ミルスケール）除去は不完全であり，さびは落ちないので，補助手段として布やすりがけ，ワイヤブラシがけ，パワーブラシがけなどを必要とする。

(2) 工具を使用するさび落とし

手工具にはスクレーパー，細のみ，びょう（鋲）かき，ワイヤーブラシなどがある。スクレーパーは平面部，細のみは曲面部や角部，びょうかきは頭やびょう間の劣化塗膜やさびの除去に用いる。ワイヤーブラシは前処理の仕上げに用い，さびや古塗膜の粉末やじんあい（塵埃）などの除去に使用する。

動力工具の主なものは，ディスクサンダー，スケーリングマシン，ワイヤーホイルブラシなどがある。図1−1はポータブルなモーターに，研削材である回転円盤を付けたものでディスクサンダーといい，さびや古塗膜の除去に使い，比較的軽量で取り扱いやすく，能率もよい。

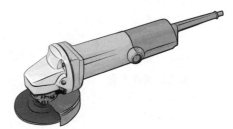

図1−1　ディスクサンダー

スケーリングマシン（チューブクリーナー）はフレキシブルシャフト先端にカッター，といし，ブラシ，ハンマーなどのびょう工具を必要に応じて適当に取り付け可能なものである。ワイヤーホイ

ールブラシは，被処理面の形状に合った形のブラシを高速で回転させることにより，おう（凹）部やびょう頭など複雑な形状の場所の清掃に適する工具である。その他細い鉄棒のたばを機械的に前後させて，角部などのさびを落とすジェットたがねなどがある。

(3) ブラスト処理

① サンドブラスト法

鉄鋼，砂，鉱さいなどの細粒を噴射し，これを被処理面に吹き付けて，さび，ミルスケールその他の汚染物を除去する工法をブラスト処理という。

ブラスト処理の中で川砂，けい砂，鉱さいなどを圧縮空気によって処理面に吹き付ける方法をサンドブラストという。サンドブラストには，バキュームブラスト，ウエットサンドブラスト，ウォータージェット工法などもある。バキュームブラストは噴射した砂をノズルの外管より吸い込み，周囲に飛散するのを防ぐとともにサイクロンで研削粒子を回収再使用する。ウエットサンドブラストは，水膜によって粉じんの飛散を防ぐものである。図1－2はバキューム式サンドブラスト機の構成例を示す。

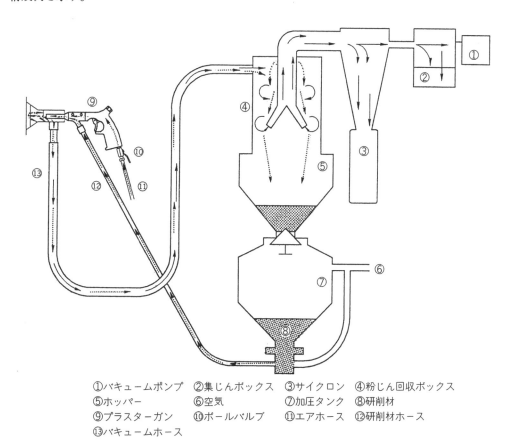

①バキュームポンプ ②集じんボックス ③サイクロン ④粉じん回収ボックス
⑤ホッパー ⑥空気 ⑦加圧タンク ⑧研削材
⑨ブラスターガン ⑩ボールバルブ ⑪エアホース ⑫研削材ホース
⑬バキュームホース

図1－2 バキューム式サンドブラスト機の構成

ウォータージェット工法は、プランジャーポンプによって加圧された超高圧水の衝撃によって、さび落とし、清掃を行うもので、水に通常のサンドブラストの1/2〜1/4程度の砂を混入して噴射する。これらの水を使用するブラスト法の場合は、いずれも適当なインヒビターを使用して処理面の発せいを防止する必要がある。これに用いられる機械は、工場生産用の定置形のものと現場施工可能な可搬式のものがある。製品処理はこの方法が多い。

② ショットブラスト，グリットブラスト法

素材の処理には主として、ショットブラスト、グリットブラストが用いられる。スチールショットは溶解鋳造された球状の粒子で、スチールグリットはこれをさらに破砕してつくられた鋭い角を有する粒子である。この粒子を回転インペラーによる遠心力を利用して処理面に投射する方法である。遠心投射式は、非常に高能率であり、したがって処理費用も低い。また密閉式で粉じん処理も設備内で行われるが、可搬式のものはない。

(4) 化学的さび落とし

塗装前に行う下地調整方法には、サンドブラスト、ショットブラスト、グリットブラストなどの機械的手段を使用する方法のほかに、化学薬品を使用する下地処理方法がある。作業工程の自動化、あるいは作業環境の改善の面で大きな効果がある。鋼板の厚さが薄くなると、機械的処理では鋼板を変形させるおそれがあるので適用はむずかしく、また衛生的な機械的処理には問題がある。化学処理は一般に塗装下地の脱脂、除せい（錆）のほかに、化成皮膜形成による防食効果をも目的として施工することが多い。

① 化学処理

化学処理といっても広い意味があり、各種の方法が考えられるが、現在国内において、経済性、実用性、作業性などの面から塗装前の化学下地処理としては、ほとんどりん酸およびりん酸塩処理が用いられている。

② 工　程

化学下地処理を行う方法は各種あるが、どれも工程の順は同じであり、場合によってはその途中を省略するだけである。最も普通の工程を述べると次のとおりである。

1) 脱脂
2) さび落とし
3) 表面調整（中間処理）
4) 化学処理
5) 後処理（さびをおさえる処理）
6) 水切り乾燥

③ 作業方法

現在国内で広く用いられている方法を述べると次のようになる。

(a) 浸漬　　この方法は，品物を薬液槽に浸漬する最も簡単な，一般的な方法である。

(b) コンベアシステム　　これは自動車，電気器具，その他大量生産方法で行われている製品はすべてこの方法で行われている。

(c) ワンブースシステム　　コンベアシステムでは，生産量が一定量以上で，品物の大きさも乗用車のボディー程度までで，これより大きいとか生産量が非常に少ない場合は，1つの室と数個のタンクとを組み合わせたブース式が行われている。

(d) 簡単な器具を用いる方法　　スプレー，浸漬いずれの方法でもかなりの設備費を要するので，特に大形の品物を処理する場合には，略式としてポータブル式のスプレー器具や，後述のはけ塗り流しかけ方法の補助手段として考えだした簡単な器具を用いて行う方法がある。

(e) はけ塗り流しかけ方法　　この方法は最も原始的な簡便方法で，ほとんど設備を使用せず，手作業による方法である。

④　液の組成

これは薬剤メーカーにより，また前述の工程の数および作業場の諸条件により異なり，詳細に述べることはできないが，簡単に列記すると次のとおりである。

(a) 脱脂剤　　現在はだいたい次の2とおりである。

1) アルカリ脱脂剤……けい酸ソーダ，りん酸ソーダなど，弱アルカリに界面活性剤を加えたもの。
2) エマルション系脱脂剤……ケロシンに界面活性剤を加え，水中で乳化体にして使用するもの。
3) さび落とし剤（除せい剤）……硫酸，塩酸，りん酸などを用い，そのおのおのにインヒビター，界面活性剤などを添加して使用する。
4) 脱脂除せい兼用薬剤……りん酸に界面活性剤，溶剤などを添加した酸性クリーナー，強アルカリにグルコン酸ソーダを加えたアルカリ除せい剤
5) 境面調整剤……中和と化成処理のための化学的調整との2つの目的を有する。
　a) しゅう（蓚）酸のみ（一般にしゅう酸と呼ばれている。）
　b) アルカリ形表面調整剤

⑤　化学処理の効果と得失

これについては塗装下地として防せい力を増し，塗料の付着性を増すことは実際において証明され，一般に常識となっているが，得失を列記すると次のとおりである。

【長　所】

a) 機械的処理（物理的処理）の単なる洗浄と塗料の付着性を目的とした場合に比べさらに防せい（錆）皮膜を成形することにより，塗装後の耐食性を著しく向上させ，同時に付着性の面でもすぐれている。

b) 処理による金属素材の変形や厚み，材質などへの影響は物理的処理（機械的処理）に比べて比較的少ない。また変形しないのでひずみとりの手間もはぶける。

c) 作業にあまり熟練を要しない。はけ塗り法などは自動車のボディーの洗浄のようなもので，素人でも比較的に短時間で慣れる。

d) 経済的である。薬剤を水に希釈したものであるから，単位当たりのコストはきわめて安価である。

e) 設備が簡単な場合でもできる。立派な設備があることが望ましいが，費用の関係で，ほとんどない場合でもはけ塗り法などで可能である。

しかし作業場の環境，排水などは注意を要する。

f) 直接に薬剤が体にかかることだけを注意すれば，物理的方法（機械的方法）のようにじん肺病の心配がなく，衛生的である。

【短　所】

a) 水溶液を用いること。品物の形状によって液の排出が問題である。このために品物に強度，外観に関係ない所に穴をあけて解決している例がある。液が残存すれば，かえって防せいの面では害となることがあるので注意を要する。

b) 鉄板と鉄板の間に液がはいり，出にくいため合わせ目に問題を起こす場合があるので，処理の際には注意を要する。

c) 作業場の環境にも十分注意しないと液の飛沫，蒸気などにより他への影響が考えられる。

d) 現在の時点においては，かなり進んだ赤さび，黒皮（ミルスケール）などは浸漬法か，ブースを用いる本格的スプレー法によるほかは除去できない。

物理的方法（機械的方法）であるサンドブラスト，グリットブラスト，ショットブラストなど行った処理鋼板と化学処理した鋼板と下地塗料の付着性の研究については一般に使用されている油性さび止めペイント，ポリウレタン樹脂プライマー，エポキシ樹脂プライマー，ジンクリッチペイントなどを塗装しても付着性，塗膜の物理的性質および耐食性についてほとんど同等である。

2.3　皮膜化成処理

金属により，その皮膜化成処理は異なる。塗装の下地処理として欠かすことのできない知識である。

(1) 鋼および亜鉛鋼板の皮膜化成

鋼および亜鉛鋼板の塗装前処理に用いられる皮膜化成剤は，りん酸塩系とクロメート系に大別される。

① りん酸亜鉛皮膜化成

りん酸亜鉛皮膜は付着量が約 $1～3\ g/m^2$ の結晶皮膜で塗膜下における防食性と塗膜付着性の両

方にすぐれ，自動車ボディー，カラートタン，電気器具などの塗装前処理皮膜として広く用いられている。

表1-7　各種皮膜化成剤

皮膜化成剤の種類		対象金属
りん酸塩系	りん酸亜鉛皮膜化成剤	鋼，亜鉛鋼板
	りん酸鉄皮膜化成剤	鋼
クロメート系	反応形クロメート皮膜化成剤	亜鉛，鋼板
	塗布形クロメート皮膜化成剤	亜鉛，鋼板，鋼，ステンレス鋼

② りん酸鉄皮膜化成

りん酸鉄皮膜はその付着量が約0.3～1g/m^{2}の非晶質性皮膜で，防食性は，りん酸亜鉛皮膜に比べて劣るが塗膜付着性にすぐれ，鋼製家具，じゅう（什）器，電気器具などの塗装前処理皮膜として用いられている。

③ 反応形クロメート皮膜化成

クロミウムクロメートを主成分とした皮膜で，その付着量がCrとして約20～60mg/m^{2}の淡黄色非晶質皮膜で，塗膜付着性にすぐれている。

この化成剤はクロム酸と無機酸を必須成分とし，ほかにシリカ微粒子，ニッケル，コバルト，鉄などの金属イオン，水性有機高分子などが用いられる場合がある。

④ 塗布形クロメート皮膜化成

この皮膜は付着量がCrとして20～200mg/m^{2}程度で，防食性と塗膜付着性にすぐれ，冷間圧延鋼板，ステンレス鋼板，亜鉛鋼板，アルミニウムなどの広範囲の金属に用いられる。

(2) アルミニウムおよびその合金の皮膜化成

工業的に広く塗装下地処理として，用いられる化成皮膜について列記する。

① ベーマイト皮膜（ベーマイト処理法）

75℃以上の脱イオン水または水蒸気でアルミニウム表面にベーマイト層（0.7～2μm）を形成させる。

② クロミッククロメート皮膜（クロム酸塩法）

水酸化クロム，塩基性クロム，酸クロム，塩基性酸化アルミニウムなどをアルミニウム表面に薄い皮膜として析出させる。

③ りん酸クロメート皮膜（りん酸クロム酸塩法）

りん酸クロム，りん酸アルミニウム，塩基性酸化アルミニウムからなる皮膜組成である。

④ りん酸亜鉛系皮膜（りん酸亜鉛処理法）

普通アルミニウム単独でなく鉄鋼，各種亜鉛めっき製品と同時処理のときに用いられる。

りん酸亜鉛法によってアルミニウム表面に形成する皮膜組成は，りん酸亜鉛とりん酸アルミニウ

ムである。

　⑤　ノンクロメート皮膜

　りん酸，タンニン酸などを主成分とし，チタン，ジルコニウムなどの金属塩を含んだ処理液で皮膜を形成させる。

　⑥　塗布形クロメート皮膜

　本処理液は通常3価，6価のクロム化合物および水系樹脂が配合されている。これをロールなどで塗布し，乾燥し，塗装下地に供される。

　以上のほかにアルミニウムには陽極酸化処理（アルマイト処理）があり広く建材製品などの塗装下地に利用されている。陽極酸化に用いられる電解液は硫酸が代表的なものである。

　陽極酸化皮膜は硬く耐摩耗性，耐食性，塗膜付着性において，上記の皮膜化成よりすぐれている。難点は生産性である。

(3) 銅および銅合金の皮膜化成

　銅および銅合金の表面処理は，塗装下地よりむしろ耐食性を強化する目的で使用される場合が多い。この処理には，クロム酸や過酸化物のような強酸化性物質を主成分とした化成処理剤が使用される。これはクロメート皮膜と酸化銅皮膜に大別される。

　①　クロメート皮膜

　クロム酸，重クロム酸およびその塩類によって処理する方法で，付着性のよい淡赤銅色～褐色をした極めて薄い皮膜が得られ塗装下地に適用される。

　②　酸化銅皮膜

　酸化第一銅の皮膜を化成させる亜鉛化銅法と酸化第二銅の皮膜を化成させる黒色酸化銅法の2方法が一般的である。前者は過塩素酸塩や塩素酸塩などの酸化剤により赤銅色の薄い皮膜が得られ，酸化第二銅皮膜より付着性がよいので，多くは塗装下地として適用される。後者は酸化剤を含んだ強アルカリ溶液で酸化第二銅の1～3μmの比較的厚い皮膜を化成する方法で，耐食性にすぐれている。

[練　習　問　題]

次の問のうち，正しいと思うものには○印を，誤っていると思うものには×印をつけなさい。
(1) 鉄鋼製品に塗装をするのは，さびの発生を防ぐことでその他の目的は持っていない。
(2) 鋼板で塗装の対象になるのが多いのは，普通鋼板と表面処理鋼板である。
(3) アルミニウムは，酸化することがない。
(4) プラスチック材料には，熱可塑性のものと熱硬化性のものがある。
(5) 金属の素地調整には，脱脂，さび落とし処理，皮膜化成処理がある。
(6) ショットブラスト法は，鉄面の脱脂を主目的とする素地調整の方法である。
(7) 鋼および亜鉛鋼板の塗装前処理に用いられる皮膜化成剤には，りん酸塩系とクロメート系がある。
(8) ベーマイト皮膜（ベーマイト処理法）は，銅および銅合金の皮膜化成処理に用いる。

第2章 金属塗装の工程

第1節 塗装工程の作業内容

1.1 防せい（錆）塗装の意義

　金属塗装の使命は，製品の美観と保護にあることはいうまでもないが，防せい塗装の使命は，被塗装物に防食力を付与して，耐久力を強めることである。こうした作業を省略した金属塗装は，いくら外観が美しくても金属塗装としての使命を果たし得ないと極言してもよい。

　金属製品の素材は，鉄鋼をはじめ鋳鉄，軽金属が主体であるが，これらの金属は，大気中にさらすと酸素や水または環境中の諸物質と接して腐食され，浸食されていく。したがって，これらと金属との接触を防ぐための手段を講じなければならない。

　被塗装物を防食するにあたっては，被塗装物の表面に付着している腐食性物質を取り除き，さらに腐食性物質と接触しないよう，また腐食が発生しないよう，金属被塗装物の表面に塗料を塗布して塗膜を構成させ，外気としゃ断しなければならない。これにより，防せい力を与えることが防せい塗装の目的である。

　次に，防せい塗装にあたって，金属は何が原因で腐食するか，さらに腐食に対してどのように防食すればよいかについて述べる。

(1) さ　　び

① 金属の腐食

　金属の腐食とは，金属体表面が，その接する環境中の物質（媒質）と化学的に反応して化合物となり，それ自体消耗する現象を腐食という。

　腐食は，金属および合金である金属体における問題で，表面に接する環境中の物質との不必要な化学反応に基づく金属体の消耗によって形づくられる。すなわち，環境のはたらきにより腐り，食われることである。

　金属の腐食は，金属体の表面に接する環境中にある水の有無によって，湿食および乾食の2つに大別される。

　(a) 湿食とは，液体としての水が金属表面に作用する環境において生じる腐食で，常温における金属腐食は，一般に湿食である。

　湿食は，どのような金属体においても，200℃以下では液体の水が存在しないかぎり発生しない。

　(b) 乾食は，液体としての水が存在しない環境における金属体の腐食で，200℃以上に加熱された場合における金属体の腐食現象をいう。一般に，200℃以下では金属表面に化合物質が生じても

厚さの成長がないので，金属体に表面変化は認められず，消耗は起こらない。

② さ び

一般に塗装界では，金属面に生成している酸化物および水酸化物を「さび」と呼んでいる。

各種の金属面に生成した酸化物および水酸化物の性状によって，さびの進行程度はきわめて異なってくる。たとえば，イオン化傾向からみてもアルミニウムは鉄に比較してはるかにさびやすい金属であるが，ふつうの環境では表面をアルミニウムの酸化物がち(緻)密におおうため，さびの素材内部への進行が防止される。

さびとはどのようなものかについて，山本洋一博士は次のように定義づけている。

"金属体が接する環境の物質と反応して，表面より安定なる化合物の層にうつりかわって，金属体そのものが消耗し表面が荒(すさ)びることをさびる，またはせいか(錆化)という。層となって消耗していく金属体の全面，または一部に付着するものをさび(錆)と名付ける。"

前述したように，金属体はつねに他の物質と反応して，もとの安定した状態にもどろうとする性質があり，これがさびという化合物を生成する要因である。

鉄鋼を例にとると，黒さびと赤さびがあり，黒さびは圧延や熱加工時に生じた厚い酸化物層で，別名黒皮(ミルスケール)といわれ，鉄面のはじめの層は酸化鉄，次の層は四三酸化鉄，上層は二三酸化鉄の薄い皮膜からなっており，外側にゆくほど多くの酸素と結合して安定した層となり，最も内側の鉄を保護している。

一方，赤さびは鉄の表面に水が結露しぬれて生じるもので，主成分は水酸化第二鉄であり，その内容は，酸化第二鉄に水3分子が結合したものである。赤さびは，鉄の表面にくっついているだけでなく，たたくとぼろぼろとはげ落ち，また水と結合した水酸化鉄は，水に溶けて浮き出し，鉄面上にふんわり乗っている。水酸化鉄が離れたあとにはすぐに水が作用し，新しい水酸化鉄を生成しまた離れていくので，鉄自体はしだいに消耗することになる。

a．さびの状態　　さびの状態を肉眼的に観察するには，さびの色，さびの発生状態および程度を知って，それに適応する効率的な除せい方法を講じなければならない。以下，これらの状態を簡単に述べる。

b．さびの色の表示

1) 赤色（実際には黄褐色，または茶褐色）……組成は水酸化鉄で，酸化鉄の表面に水と酸素の存在により生じる。一般に塗装前の金属製品に発生している。

2) 黒色（一般に鉄色と称する黒青色）……赤さびになる以前の状態では，高温加熱の加工時に生じる酸化物層のスケールとは本質的に異なる。

3) 変色（金属本来の光沢を失っている場合）……油やごみなどによりその表面にしみなどができ，みがき落としても金属面が荒れていない場合を変色という。変色層は軟らかく薄い。

4) 雲り（金属の表面がぼやけている状態）……金属の表面が，変色や着色したと認められない

程度の状態をいう。

c．塗料用さび止め顔料　さび止め顔料の一般的な防食機構を分類すると次のようになる。

(a) ビヒクルの成分と反応して，ち密な塗膜をつくる。

(b) 顔料のアルカリ性物質が水にわずかに溶け，アルカリ性雰囲気をつくる。

(c) 水溶性成分が金属面に達し，不働態化する。

(d) 酸性物質と反応して，その腐食作用をなくする。

(e) 水溶性成分，あるいはビヒクルとの反応生成物が，水に溶けて防食成分となる。

実際のさび止め顔料では，数種の作用が併行して進行するが，その機構はさび止め顔料の種類により異なり，それを本当に解明することはなかなかむずかしい。

さび止め顔料の防食作用は，化学的，物理的および電気化学的な面から検討しなくてはならない状態になってきた。したがって，ここでは防食作用について，3方向より考えてみることにする。

1) 物理的防食作用……油性ビヒクルと反応する顔料を加えると，塗膜がよくしまるといわれているように，油性ビヒクルと反応する顔料を適度に配剤するとち密な塗膜ができ，塗膜の不透過性が向上し，膨潤が少なくなる。このように，反応する顔料と一概にいうが，非常に反応しやすいものからわずかしか反応しないものまで，反応の程度や速度はそれぞれ異なっている。したがって，種々の反応性顔料を巧みに配剤して均一に分散させ，しかも適度に反応を行わせるようにすれば，形成される塗膜はより硬くち密となって物理的防せい作用がいちだんと向上するであろう。

2) 化学的防食作用……有害な酸分子やアルカリ分子が塗膜に浸入してきた場合には，これを中和して無害なものに変えることが防食の有力手段であるが，実際には種々の問題点があるようである。

3) 電気化学的防食作用……塗膜のピンホールから浸入してきた湿気や酸素が塗膜を通過するときに，塗膜中に分散しているさび止め顔料と反応し，さび止め顔料の一部が溶出して防食イオンを形成する。

このような防食イオンを含んだ湿気が金属面に到達した場合，防食イオンが金属面に作用を及ぼし，金属面をさびにくい状態に変えてしまう。したがって，さび止め顔料は固体のままで金属面を防食するのではなく，塗膜を透過してくる湿気と反応して防食イオンの状態となり，金属面に作用して防食するのである。

(2) 塗装による防食

① 化成皮膜による防食

金属塗装においては，美観と相まって，被塗装物を保護するということが強く要求されるようになってきた。とくに，金属の耐食性を高めるために金属表面に皮膜を化成し，その上に塗装されている。

りん酸塩化成皮膜は電気の不良導体で，水，塩類および溶剤などに不溶性，難溶性でち密な皮膜

は，塗料の付着性がよいなどの利点があり，したがって，この皮膜は電気の不良導体であり，電解液があっても局部電池は生成しない。したがって，さびは発生しないので金属素地の防食効果を果たすことになる。

② 塗装の防食作用

有機質塗膜は，一般に腐食環境中でも高い電気抵抗を有するもので，これによって被覆されれば両極間に高抵抗がそう入されることは容易に理解される。塗膜の電気抵抗は，直流法または交流法によって測定し得るが，初期の電気抵抗が著しく低い塗膜は，防食性能が劣ることが認められている。

さび止め塗料には，さび止め顔料を配合したものが多い。顔料には，金属の腐食を防止するもの，促進するもの，影響を与えないものがある。この性質は，対象となる金属の種類によって多少の変動がある。

さび止め顔料中，塩基性顔料は展色剤構成分子の親水基と反応して塗膜の耐水性を向上させ，腐食環境中での塗膜の電気抵抗を高くする作用がある。また，これらの顔料自身あるいは顔料と展色剤との反応生成物から，水中に腐食抑制性物質が溶出することが見出されている。

可溶性顔料は，ほとんどクロム酸鉛顔料であって，水中にクロム酸イオンを溶出し，その強い酸化作用により金属面を不働態化するものである。近時，公害防止の立場より，クロム系，鉛系の顔料は使用されないようになってきた。

金属顔料の代表は，亜鉛末である。亜鉛末は，素地鉄面と金属的に接触を保っていると亜鉛は鉄よりも溶出しやすいので，亜鉛が陽極，鉄が陰極として作用し，鉄の腐食が防げられる。

以上が塗膜の防食作用の概要である。

1.2 パテ付け

パテ付けは下地または下地付けともいわれ，被塗装物のきず，巣穴その他の欠陥を補い，または平滑で美しい仕上げ面をつくるために行うものである。一般に，パテの性能は塗料より劣るので，厚く付けると種々の弊害を起こす原因となる。

最近，製品（表面）の加工技術が進歩し，パテで金属加工面の欠点を修整する必要は少なくなったが，小量生産品，大形車両，自動車の再塗装などパテ付けを必要とするものもある。パテ材料も進歩し，厚付けしても強度の大きい割れのでないポリエステル系のものが広く用いられているが，作業性が悪く，また取り扱いに不便な点がある。パテ付けした面は研いで（水研ぎの場合が多い。）仕上げるので研ぎ過ぎて，さび止め塗膜や化成処理皮膜をきずつけてしまう欠点がある。かつては工賃が安く，機械加工の仕上げよりパテで補正する方が安かった。しかし現在は工賃も上がり，またパテ付け工程は自動化できないので，できる限り機械加工で塗装面をつくることが合理的であり，塗膜の性能も向上する。これは塗装設計で最も注意すべき点である。

(1) パ　テ

パテはラッカーパテ，オイルパテ，合成樹脂パテ（ポリエステル系）などがあり，肉付きをよくするため，他の塗料より体質成分が多く，粘度が高いオイルパテが最も多く用いられる。従来はコーパルワニス，ゴールドサイズ，とのこ，漆，水などを現場で自製したが，最近は市販品が使われる。

パテ付けを上手に行うには，まずパテの調子がよくなくてはならない。調子がよいとか，作業性がよいパテとは，ねばり，かたさおよびきれの3要素で考えるとよい。

このほか，体質や固形体の粒度が均一なことも大切で，荒いものが混じっていてはいけない。

オイルパテは，比較的軟らかくねばりも割合いにある。十分練り合わせ，パテの硬さによってへらを選んで付ける。乾燥が遅いので，面積が広い時でもへら付けは容易であるが，乾燥には20〜30時間を要する。

亜鉛華で調整すると，乾燥を早くすることや厚付けができるが，乾燥するにしたがいき裂が生じたり，塗装後はく離する原因となる。

また，3〜4回のパテ付けをする場合，各パテ付けの油脂分が違うと乾燥したパテの硬さが異なるので，といしや耐水研磨紙研ぎをよくしても，各パテの研ぎ出し部分にわずかであるがおうとつ（凹凸）を生じ，中塗りサーフェーサーでも完全に平滑にすることができないことがある。したがって，面積が広い被塗装物の場合は，上塗りで光沢が出ると，塗面に小さな変形のうず巻き状のほしが現われ，2〜3m離れて見ると特に目立つ。

パテが硬くなった場合，塗料用薄め液などで粘度を調整したり，へらさばきをよくするために水を加えたりしても，よい調子にはもどりにくい。水を加え過ぎると粗面の原因になる。オイルパテの硬さはへらの腰に合わせて調整する。

ラッカーパテは，さび色とねずみ色が多く，白色のものもある。乾燥が早いのでへら付けは手早く行う。厚付けできないが，短時間に何回もパテ付けすることはできる。塗装工程中の補修，塗り替えに多く用いられ，寒冷地ではオイルパテの代わりに使用される。

ラッカーパテを使用する場合の下地塗料にはラッカー系がよく，油性系の自然乾燥形の下地塗料の上にラッカー系パテを付けると，下塗りを侵しクラックの原因となることがある。

合成樹脂パテでは，不飽和ポリエステル樹脂を用いたポリエステルパテが一般に多く使用される。肉やせがなく，一度に厚いへら付けができるのが特長である。特に厚付けする場合は，ガラスウールを中間にはさんで塗り込んでいる。これには常温乾燥と焼き付け乾燥形があり，付着性，耐油性，耐熱性などにすぐれている。

よいへらの先を整えて付けると，ほとんど研ぎを必要としない程度の仕上がりとなる。ただし，へら目を落とす程度の研ぎは必要である。

パテはこのねばり，硬さ，きれの3要素を適当に選ぶことと，それらを変化させるための添加物

に秘けつ(訣)があるといえる。

(2) パテ付け

① 目　的

被塗装物のきず，欠かん，巣穴など主としてくぼ(凹)んだところに充てんし，研いで平滑な面を得るために行う。鋳物の仕上げ面に小さな巣穴（ピンホール）が一面に存在する場合には，加熱などで小穴から出る空気を拡散しやすくさせて，塗膜に悪影響しないように薄い皮膜状につけることもある。

目的を大別すると次のとおりになる。

(a)　やすり目，ひき目等の機械加工の欠かんの補修

(b)　おう(凹)状のきず，穴，けがき線などの補修

(c)　ピンホールの補修

(d)　おうとつ（凹凸）の修正

(e)　鋳肌面の補修

(f)　かどや曲がり目の補修

(g)　溶接部分の補修

(h)　変わり塗りのためのもの

(a)～(c)は従来塗装作業の工程と考えられてきたが，前処理工程の改善，合理化のために，パテ付け後の研ぎで前処理をそこなわないように，鋳造や機械加工をよくしてパテ付けをさせるように努力がはらわれている。

(d)～(g)には相当の厚さと強度が要求される。パテ材の耐久力は塗料に比べて相当劣るので，パテの部分から欠陥が生ずることが多い。なるべく機械仕上げ加工で修整し，パテ付けを少なくすることである。

(3) 研　ぎ

パテが十分に乾燥するのを待って，空研ぎまたは水研ぎをして面を平らにする。面の状態に応じてパテ付け，研ぎを何回かくりかえし，平滑な面をつくる。単に塗り重ねるだけでは立派な仕上げ面を得ることはできない。

研ぎの目的は，単に塗膜面を平らにするだけでなく，細かいきずをつくり，次の塗料の足がかりをつけることにもある。研ぎは，とかく簡単な仕事と軽視されがちであるが，研ぎの良否は，ただちに仕上げの良否を決定するほど大切な作業である。また，研ぎに要する時間は，全工程のほとんど半分を占める場合もあるので，作業改善による能率化の方法を考えることが大切である。

研ぎには空研ぎ，水研ぎ，ガソリン研ぎなどがあり，通常80番～180番の研磨紙を用いて手研ぎあるいは機械研ぎを行う。手研ぎを行うときには，研磨紙にゴムまたはあて木をすると平らに研ぐ場合には効果がある。研ぎの良否は指先きでなでてみるが，広い場合は，面をよくふき，水けのあ

る状態で光線の入る方の反対側から透かして見る。パテ付けをよくし，なるべく後の工程で拾いパテをする必要がないようにしなければならない。

1.3 中塗り（サーフェーサー塗装）

パテ付け後さらに平たんさと厚みを増すために使用される。これはパテの面は多孔性で，かつ平たんな面となっていないので，これを補正し，さび止め効果を増すために行うものである。中塗り塗装には油性系，ラッカー系，合成樹脂系のものがある。

(1) 油性系

中塗り塗料は，油性ワニスと顔料を混和したもので，灰白色と白色が多い。選ぶには上塗り塗料の吸い込みが少なく，付着性と研磨性のよいものがよい。自然乾燥時間は8～20時間である。ラッカー系に比べ肉付きがよく，付着性，研磨性もよい。

(2) ラッカー系

ラッカー系中塗り塗料は，クリヤラッカーに顔料を混和したものであり，灰白色，さび色，白色の3種が多い。乾燥時間は早いが，上塗りの塗料におかされることがあるので，上塗り塗料の薄め液を考慮するとともに，十分な乾燥が必要である。でき上がりの塗膜は硬く，研磨紙にからみやすく研ぎにくいので，この場合は潤滑剤を工夫しなければならない。

(3) 合成樹脂系

合成樹脂系の中塗り塗料は，ビヒクルとしてフタル酸樹脂，エポキシ樹脂，ポリウレタン樹脂などがあり，耐候性もよく強じん（靱）な塗膜が得られる。

最近，素地面がよくなり，素地ごしらえ用の塗料が発達したので，塗膜の厚さは昔ほど要求されない傾向が強くなった。このため中塗り塗料の性能は，上塗りに用いられる塗料と同じようなものが用いられたり，または省略されることがある。研ぎをはぶくことを目的としてノンサンジング形のものも市販されている。

大形の製品や精密仕上げを要求される場合などは，中塗りの塗膜を研いだり，あるいはこの工程後拾いパテを行うこともあるが，研ぎまたは拾いパテを行う場合は，中塗り塗料の性能を十分に検討しなければならない。

1.4 仕上げ塗りおよび磨き仕上げ

これは下塗り，中塗りを終えた面の最後の塗装工程である。上塗りはその塗装に要求される条件をよく考え，これに適したものでなければならない。特に色彩，光沢，硬度，耐候性，耐摩耗性，耐薬品性などが考慮される。ここでは，磨き仕上げについて説明する。

磨き仕上げは，上塗り塗装の塗り肌を修整し，塗膜の美観を増す目的で行われるものである。作業は簡単なように考えられるが，細かい注意と根気のいる作業である。研磨剤にはポリッシングコ

ンパウンド，とのこ，つのこ，ワックス，液体ポリッシュなどが用いられる。

(1) 研磨工程

細かい研磨紙で研ぎ，コンパウンドで研磨して塗面の光沢を出すために行われており，羊毛バフなどが使用されている。

① メラミンの塗膜は，硬くてからむため研磨性がよくない。したがって，わずかのきずもなかなか研磨で消すことができないので，手磨きではきずの箇所を磨く程度にして，通常は上塗り前の工程に重点をおいている。

磨き方法は，コンパウンドの適量を塗面に塗布し，サンダーパットまたはフェルトなどを使い，軽く塗面を研磨する。コンパウンドは，一時に多量に塗布すると飛散するのでむだになる。サンダーパット（フェルト）に付着したコンパウンドは，絶えず小刀などで削り落とし，磨き面に常に柔らかいサンダーパットと新しいコンパウンドを供給するようにすることが，美しく仕上げるための最も重要な作業条件である。

② ラッカー塗膜が十分に乾燥したものは研磨性が良好である。塗膜はうすく軟らかいので，磨き過ぎないよう注意しなければならない。

(2) 仕上げ工程

研磨工程で光沢むらが生ずるので，羊毛バフを使用してむらを取り除き，光沢を与え，同時に耐水性などを付与する。

① メラミン

メラミンの塗り肌は十分に光沢があり，そのままで仕上がることが多いが，磨き仕上げを要求される場合もある。磨き仕上げの時に同じ箇所を磨き続けると加熱で欠陥を生じる。羊毛バフ磨きは軽く行い，研磨剤の使用は最少にとどめる必要がある。またシリコーンコンパウンドなどを研磨剤に使うと良い結果が得られる。

② ラッカー

ラッカーの場合は，ポリッシングコンパウンドで磨き，ポリッシングワックスで仕上げられるが，コンパウンド磨き後のコンパウンドのふきとりが不十分のままでワックス仕上げを行うと，光沢が減少することがある。またワックスは，塗布後少し時間をおいてから仕上げ磨きをした方が，良い結果が得られる。

［練 習 問 題］

次の問のうち，正しいと思うものには〇印を，誤っていると思うものは×印をつけなさい。
(1) さびが発生しても金属は消耗しない。

(2) パテ付けの目的は，素地面のおうとつ（凹凸）を修正することである。
(3) パテの研ぎは，次の塗料の足がかりを付けるだけである。
(4) 中塗り塗装は，上塗り塗料の吸い込みを押さえる役目もある。
(5) 磨き仕上げの目的は，塗膜の肌を平滑にし，塗膜の美観を増すことである。

第3章　金属塗装の方法

第1節　塗装方法

1．1　はけ塗り

はけ塗りは，塗装方法としては最も古くから行われてきた塗装法で，現在でも手作業を主体として広く使われている。各種のはけを用いて非常に細かい塗装から，大きな被塗装物まで行われ，簡単な用具によって自由に塗装ができる長所がある。しかし，塗装には熟練を要し，美しく効果的に仕上げるのは難かしく，工業製品の塗装には向かないのが短所である。

(1)　はけの運び方

はけを使う塗装法では，運び方（動かし方）が仕上がりを左右するのはいうまでもない。被塗装物に塗る作業として，塗料のくばり，ならし，むら切りがある。これらの作業方法は，塗料の乾燥速度によって異なり，一般に乾燥の遅い塗料の場合は，各段階に分けて行うが，速乾性の場合，同時に同じ方向にしないと，塗りむら，はけ目が目立ち美しく仕上げられない。

はけ塗りの留意点としてあげると，次のとおりである。

①　塗りにくいところから塗り始める。
②　隅やおう（凹）部を塗るときは，毛先を使い押さえるようにして塗る。
③　はけに加える力は強すぎないようにする。
④　塗料は，はけの1/2〜2/3に含ませ，軽くしごいて塗料が垂れないようにする。
⑤　塗料のくばりは，長手方向にする。
⑥　ならしは，くばりと直角方向となるが，細長いものは省略してもよい。

(2)　はけの手入れ

使用したはけは，含まれている塗料をよくしごいて塗料の中に戻し，さらにへらで両面からしごいて塗料をつき出す。合成樹脂系の場合は，溶剤で十分に洗浄し，できれば図3−1のような保存

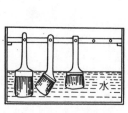 

(a)　ペイントばけ類　　　　(b)　ラッカーばけ類

図3−1　はけの保存器

器で保管しておくのがよい。乾燥させた状態で保管する場合は確実に洗浄しないと使用ができなくなるおそれがある。油性ペイントなどで，短期の保管の場合には，はけが乾かないように水をつけておくこともある。ただし毛の部分が底につかないようにする必要がある。

1.2 ローラーブラシ塗装

(1) ローラーブラシの構成

ローラーブラシの構成は，ハンドルとローラーカバーからなり，図3－2の形が最も簡単で広く使用されている。この他，塗料の供給を連続的に行う自動供給式のローラーもあり，ハンドルとローラーの内部より供給してコアの外側へしみ出すようにしたものと，外側よりローラーに塗料を噴射させるものとがある。

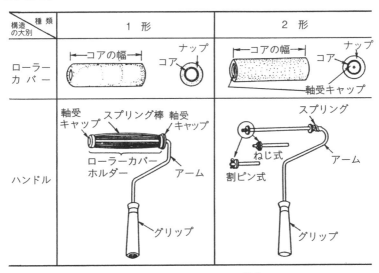

図3－2　ローラーブラシの構成

最も大切な部分は，仕上がりを左右するナップの部分で，その素材によって各種の用途に分けられる。素材は，羊毛の他，合成樹脂，スポンジ状の多孔性，発泡樹脂などがあり，繊維の組み合わせ，織り方，発泡体の気泡の大きさなどを変えて使用され，その違いによって塗装時の仕上がり，塗装パターンが異なってくる。

また特殊なものとして，塗装後に表面を押さえて模様づけをするローラーもある。

(2) 塗装法

ローラーブラシ塗装は，ブラシに塗料を含ませ，均一になじませることから始まる。塗料を含ませたローラーを，塗料皿や網などの上で転がし，均一になじんでから被塗装物に塗装する。平均に塗料をくばるよう，ゆっくり大きく，同じ力と速度で行うことが大切である。くばりをした後は，ならし，仕上げを行うが乾燥の早い塗料の場合，同時に行う必要もある。動かし方は転がす方向が交わるようW形に行うのが一般的で，ローラーの端の部分に生じやすいたまりに気をつけ，ローラ

一目が出ないようにする。

(3) 使用後の手入れ

ローラーブラシは，回転するものであり使用後は，コアの部分を外して十分に洗浄しておく。洗浄する場合，まずローラーに含んでいる塗料をローラーべらでしごき落とす。次にコアの部分を外し，洗い容器などを使ってよく洗う。溶剤系の塗料の場合は，シンナーで洗浄後，水または湯で洗い直し，水分をふき取ってから陰干しをするとよい。ナップはくせがつくと次に使うとき，仕上がりがむらになるので，立てた状態で乾燥する。

ただし，作業を続けて行う場合は，軽く洗って，洗浄液につけておくだけでもよい。

1.3 吹付け塗り

吹付け塗り，いわゆるスプレー塗装は，塗料を霧状にして物品である被塗装物に運び塗着させる塗装方法で，はん（汎）用性の広い塗装方法として工業塗装から家庭用塗装に至るあらゆる分野で使用されている方法である。

この塗装法の特徴は，細かい霧にして塗装するためおうとつ（凹凸）のある被塗装物の形状や大きさに関係なく均一な膜厚で，平滑な美しい仕上がりが得られることがあげられる。また塗料の種類に応じて多種多様なスプレーガンがあり，適切な選定をすることによってあらゆる塗装に対応できることもあげられる。反面，霧にすることによって，物品に塗着せず周囲に飛散してむだになる塗料粒子（オーバースプレー）が多く，塗着効率の低下とともに作業環境の悪化，環境汚染の原因につながる欠点がある。このため作業場には排気装置等の設備を設ける必要がある。

(1) スプレー塗装の種類

スプレー塗装には，次の種類がある。

① エアスプレー

圧縮空気によって塗料を霧化し，霧化された塗料粒子が空気とともに物品に向い塗着する方法で，スプレー塗装法としては歴史も古く，速乾性のラッカー塗料の出現とともに広く使われてきた。多くの空気を使用することによって塗料は微細な霧となり，物品に平均的に塗着した後，流動化して塗膜を形成するため平滑な美しい仕上がりが得られる。しかし，空気とともに塗料粒子が飛行するため飛散も多く，塗料中の溶剤も揮発する割合が多いので塗料の調整，吹付け操作に気を配る必要がある。

② エアレススプレー

塗料を高圧ポンプで押し出し，小さな噴出口をもつノズルチップより勢いよく噴出させることによって塗料を霧にする方法で，ノズルチップをもつエアレスガンのほかに高圧の塗料ポンプ等が必要となる。塗料の霧化に圧縮空気を使用しないため，霧の飛散や溶剤の揮発がエアスプレーより少なく，塗料は高粘度で使用される。また高圧力で押し出されるために，噴出量は多く，作業性が高

いことから大形の物品（被塗装物）に適する。

③　エアエアレススプレー

　他のスプレー塗装法に比べ新しい方法で，エアスプレーとエアレススプレーを組み合わせた方法である。それぞれの欠点を補い，長所を生かした塗装法として利用が高まっている。この方法は比較的圧力の高い塗料でノズルチップによって霧化した塗料を，圧縮空気によってさらに細かい霧にするとともに，吹き付けのパターンを整え，均一な塗膜にするもので，その他に圧縮空気が飛散防止に利用されることで塗料のむだを少なくするなどの効果もある。

④　その他のスプレー

　その他，静電気の作用で塗料を霧にして塗着させる方法として静電スプレーがある。静電スプレー塗装としては，前述のエアスプレーやエアレススプレー等と併用しているものが多く，塗着に静電気の力を利用するため，塗着効率のすぐれた塗着法として知られている。この塗着法については1.4静電塗装の項で学ぶ。

　塗料を加温して塗料粘度を低くし，流動性を高めて霧化をしやすくする方法としてホットスプレーがある。この方法によれば溶剤の使用を制限することができ，気温によって溶剤の使用量を変えることなく一定の希釈率で塗装できるために塗膜品質を安定させることができる等の効果がある。このホットスプレーも前述のエアスプレーやエアレススプレーと併用される。

(2)　エアスプレー

①　スプレーガンの種類と構造

　スプレーガンは表3－1に示すように，被塗装物による区分（大きさ），噴霧方式，塗料ノズル口径等によって区分されている（JIS B 9809）。この他塗料の多様化にともなって空気キャップの種類も増え，目的に応じて適切な選定をすることが，良好な塗装を行うために必要である。

　代表的なスプレーガンの構造は図3－3に示すような構造と各部機能をもっている。先端の空気キャップと塗料ノズルにより，塗料が噴霧され被塗装物に対して塗装が行われる。噴霧状態をつくるのは各空気穴で，図3－4に示す中心空気穴で塗料を霧化し，噴霧パターンを形成するのは各空気穴である。補助空気穴は，空気キャップ面への付着防止，パターンの安定化，霧化の促進等の働きがある。

②　調整

　スプレー塗装を行う前の調整としては，塗料の調整と，スプレーガンの調整がある。

　塗料の調整は，主に塗料粘度の調整となるが，エアスプレーの場合圧縮空気によって霧化するため，他の塗装法に比べ低い粘度に調整される。一般的な粘度としては，60mPa・s（60cP）程度とされているが，スプレーガンの場合フォードカップNo.4（JIS K 5402）を用いて22秒が標準的な粘度とされている。実際の塗装現場では図3－5に示すような簡易粘度計を用いて調整される。

　塗料粘度は低すぎると，塗面に着いたとき流れて垂れがでたり，「すけ」がでやすくなり，逆に

高すぎると粗い粒子で噴霧されて平滑な塗面が得られなかったりする。また塗料粘度は，噴霧された塗料粒子が塗着するまでに溶剤の揮発があるため，近距離で吹き付ける場合は揮発が少ないので

表3-1　　空気使用量，塗料噴出量およびパターン開き

塗料供給方式	被塗装物による区分	噴霧方式	塗料ノズル口径 mm	空気使用量 l/min	塗料噴出量 ml/min	パターン開き mm
重力式	S	丸吹き	0.5	40以下	10以上	15以上
			0.6	45以下	15以上	15以上
			0.8	60以下	30以上	25以上
			1.0	70以下	50以上	30以上
吹上げ式 重力式	S	平吹き	0.8	160以下	45以上	60以上
			1.0	170以下	50以上	80以上
			1.1	185以下	60以上	90以上
			1.2	200以下	80以上	100以上
			1.3	220以下	90以上	110以上
			1.4	240以下	95以上	120以上
			1.5	260以下	100以上	130以上
			1.6	280以下	120以上	140以上
			1.8	300以下	130以上	150以上
	L	平吹き	1.3	280以下	120以上	150以上
			1.4	310以下	130以上	155以上
			1.5	330以下	140以上	160以上
			1.6	350以下	160以上	170以上
			1.8	400以下	180以上	180以上
			2.0	450以下	200以上	200以上
			2.5	480以下	230以上	230以上
			3.0	560以下	270以上	260以上
圧送式	S	平吹き	0.8	270以下	150以上	150以上
			1.0	300以下	200以上	170以上
			1.1	320以下	220以上	175以上
			1.2	340以下	240以上	180以上
	L	平吹き	1.0	500以下	250以上	200以上
			1.1	560以下	300以上	220以上
			1.2	620以下	350以上	240以上
			1.3	650以下	400以上	260以上
			1.4	660以下	460以上	280以上
			1.5	670以下	520以上	300以上
			1.6	700以下	600以上	320以上
			1.8	710以下	650以上	330以上
			2.0	720以下	700以上	340以上

高めに，速乾性の塗料のように揮発性の高い溶剤を使用する場合は低めに調整するのが一般的である。

　スプレーガンの調整は，吹付け圧力，塗料噴出量，パターン開きが主な調整となる。それぞれ図3－3に示す調整装置によって行われるが，別の装置によって調整が行われる場合もある。

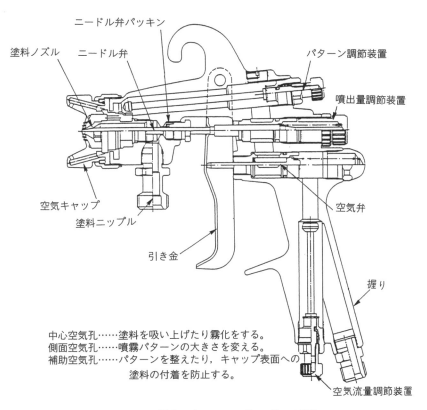

図3－3　エアスプレーガンの構造

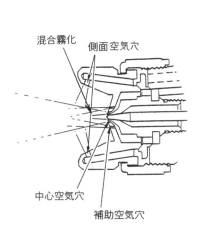

図3－4　空気キャップの空気穴

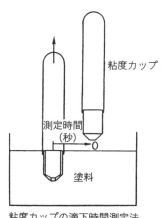

図3－5　現場用粘度計

a．吹付け圧力　使用する圧縮空気の圧力は，直接スプレーに作用するため影響が大きく，最も大切な調整である。圧力の調整は結果的に吹付け空気量の調整と同じ意味をもち，圧力を高くすると空気量が多くなって塗料の霧化が促進され，細かい霧となるので平滑な仕上げ面が得られることになる。しかし，あまり高くしすぎるとスプレーパターンの変形を生じたり，溶剤の揮発が多すぎて塗面での流動化がなくなり，ざらざらな塗面になる等の悪影響もでる。また空気量が多いほど，塗料の飛散も多く，塗料のむだ，作業環境の汚染などの問題がでる。

標準的には図3-6に示すような空気圧力調整器で，250〜400kPa（2.5〜4.0kgf/cm²）程度に調整してスプレーガンに供給し，吹付けを行うが，エアホースが長い場合は，ホース内を流れる抵抗が大きくなって実際の圧力が低下する（圧力降下する。）ため，少し高めに調整する。

圧力の確認をする場合は，スプレーガンの直前に圧力計をつけ，空気を噴出させている時の圧力をみて判断する。空気圧力調整器がない場合は，スプレーガンの空気量調節装置によって吹付け状態を確認しながら調節する必要がある。また引き金を操作する時，引き始めは高い圧力がかかっているので噴霧状態が異なるために，初めは捨て吹きをしなければならない場合もでてくる。さらに，圧縮機からの圧力が変化すると空気量も変化することになるので，安定した塗装を行うには空気圧力調整器を使用するのがよい。

b．塗料噴出量　塗料噴出量はスプレーガンによって最大の噴出量が決められ，通常は全開の状態で使用される。しかし被塗装物の塗装面によっては吹付けパターンを小さくしたり，細かい部分を少しずつ塗装する等の他，塗料粘度が低い場合等そのときの条件によって調整する場合もある。吸上げ式スプレーガンや重力式スプレーガンの場合は，吹付け空気圧力によって塗料噴出量が決まるため，必要に応じて塗料噴出量調整装置によって噴出量をしぼる。圧送式のスプレーガンでは，塗料供給装置である塗料加圧タンク（ペイントタンク）の加圧圧力を調整したり，塗料ポンプから送り出される塗料の圧力を塗料減圧弁で調整することによって，スプレーガンに供給する塗料の量を調節し，スプレーガンからの塗料噴出量を調節する。図3-7は塗料加圧タンクの構成例を示す。

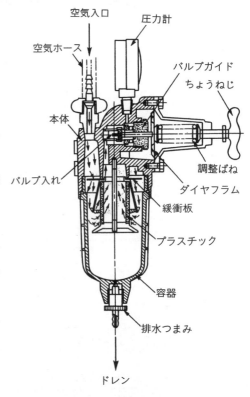

図3-6　空気清浄圧力調整器

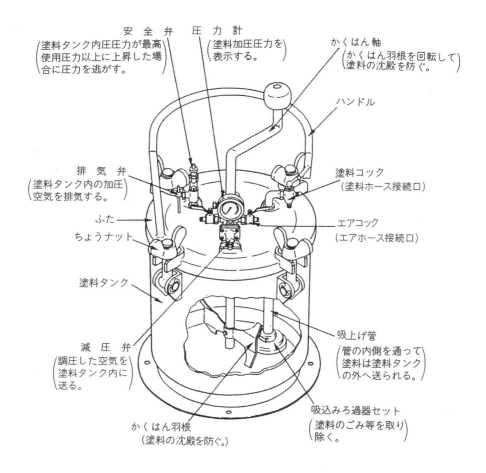

図3－7　塗料加圧タンク（ペイントタンク）の構成

　塗料噴出量は直接塗装量に関係するため作業性から選定されることが多いが，同じ吹付け圧力の場合，塗料噴出量を少なくすると霧は細かくなる。したがって平滑な仕上げ面が必要な場合や薄い膜厚が必要な場合などは，通常の条件より少ない塗料噴出量に調節される。また吹付けパターンを小さくして部分的な塗装をしたり，細かい部分の塗装をする時は，パターンが小さくなった割合で塗料噴出量をしぼらないと塗膜が厚すぎたり，たれを生じたりする。

　塗料粘度に対しては，他の条件が同じであれば塗料粘度の低い程塗料噴出量はなくなり，塗料粘度の低いことも加わって塗面が流れやすく，たれなどの塗装不良ができやすくなる。したがって塗料粘度が低い程，塗料噴出量をしぼる必要がある。

　c．パターン開き　　スプレー塗装におけるパターン開きは1回の塗り幅として現われるため，塗料噴出量の多いスプレーガンほどパターン開きも大きい傾向にある。パターン開き調節装置は，平吹きにおけるだ（楕）円形の長径で表わされる最大幅から，丸吹きまでの範囲で調節する装置で，被塗装面の幅が狭かったり，小さい部分を塗装する場合などに使用される。パターン開きの調節は

被塗装物の大きさ，形状によって適切に調整しないと，オーバースプレーが多くなって塗料がむだになったり，膜厚の不均一が生ずることになる。

また極端に粘度の低い塗料を使用するとパターンの変形によって中央部の膜厚が少なくなったりすることがある。このような時は，パターン開きを絞り，小さい目にして吹き付けると均一な膜厚が得られる。

③ 操　作

スプレーガンの操作で大切なことは，吹付け距離，運行方法，塗り重ねの3つである。これらはスプレー塗装の三原則といわれ操作の基本となっているので，しっかりと身につけることが必要である。

　a．吹付け距離　スプレーガンの先端から被塗装物までの距離を示し，吹付け操作をする場合は，最も良い塗装条件となる一定の距離を維持して吹き付けるようにする。吹付け距離が異なると，膜厚の変動，パターン開きの変動，塗料中の溶剤揮発による塗着塗料粘度の変動，塗着量の変動など，さまざまなばらつきが生じ均一な塗面が得られなくなる。したがって同じ塗装作業では，できるだけ一定になるよう心がける。

図3－8に示すように吹付け距離が近すぎた場合，狭い範囲に塗料が集中することにより塗膜厚が厚くなって塗料が垂れやすくなる。また塗着部分と未塗着部分の差がはっきりするため，塗り重

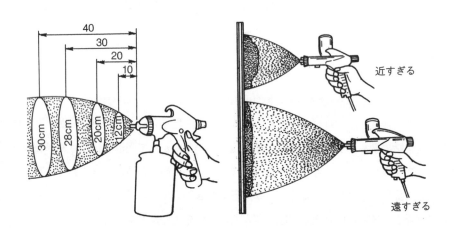

図3－8　吹付け距離とパターン開き

ねる場合に塗膜厚を均一にすることが難しくなる。反対に吹付け距離が遠すぎた場合は，霧の飛散が多くなって塗料のむだ，作業環境の悪化につながるほか，塗料によっては溶剤の揮発が多すぎて塗面の粘度が高くなり，流動化が損なわれて塗面の光沢がなくなったり，ゆず肌，ピンホールといった塗装不良を生ずる。

一般のスプレーガンでは吹付け距離を150mmから300mmぐらいとしているが，スプレーガンの種類，塗料の種類，被塗装物の形状などによってはさらに広がることもある。一般的には塗料の噴

出量が少ない場合には近く，大形のスプレーガンなどで塗料噴出量が多く，パターン開きが大きいほど距離を離すとよい。塗料の粘度は低いほど霧化されやすく，細かくなるために，高粘度の塗料を吹付ける場合の粗い霧と異なり，飛散しやすくなっている。このため吹付け距離を近くする傾向がある。

　また，被塗装物によっては部分的なおうとつ（凹凸）面があり，どうしても一定の距離を維持することが不可能な場合は，最も近い位置を基準として吹付け距離を合わせるとよい。もし近い位置を無視すると，思わぬたれを生ずることになる。

　b．運行方法　スプレーガンの動かし方であって，主にはスプレーガンの向きと動かす速度である。向きは被塗装面に直角に保持し，適正な一定速度で動かすことが理想となる（図3-9）。また図3-10のように平面に対して円弧状に動かせば，前項で述べたとおり，吹付け距離が変化し膜厚が変動するのはあきらかである。またスプレーガンを傾ければ，距離が近くなった側の膜厚が厚くなるのもあきらかであり，塗面がまだらになったり，しま状になったりする。

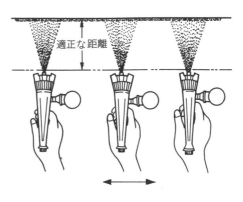

図3-9　スプレーガンの正しい動かし方

　運行速度を一定に保つことは，塗膜を均一の厚さに仕上げるための必要条件であるが，その速度は塗装条件によって大きく異なる。実際に塗装する場合は，何回か塗り重ねて必要な膜厚とすることが多く，1秒間に500～800mm位の速さで塗装するが，あまり遅くすると塗料粒子の飛散が多くなって望ましくない。できれば1回で塗れる速度が良いわけであるが，人が操作する場合はゆっくり動かした時の乱れが塗膜厚の不均一となって表われる。したがって自

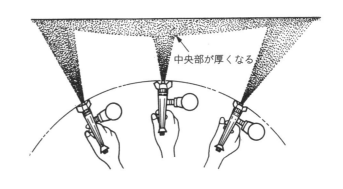

図3-10　スプレーガンを円弧状に動かした場合

動塗装機などによって管理された状態で一定の動きをさせる場合には，遅い速度で1回または2回塗りで塗装することが可能となる。また塗装面におうとつ（凹凸）があったりして吹付け距離に差が出てしまう場合は，速度を早くして重ね塗りを行い，塗り回数の調整によって塗膜厚を調整することもしばしば行われる。

c．塗り重ね（塗り合わせ）　スプレーのパターン開きが塗装面より広い場合には，必ず塗り合わせをすることになる。通常スプレーパターンは，だ(楕)円形もしくは細長い円形をしており，端部は徐々に薄くなっている。このため一度塗装した端部に次に塗装する端部を適度に合わせて塗面を形成していく必要がある。これが塗り重ね，または塗り合わせといわれている。一般的には図3−11に示すようにパターンの大きさによって1/2〜1/4を重ねるようにスプレーガンを移動することで均一な膜厚が形成できるとされている。しかし工業用の大形スプレーガンでパターン開きが400mm以上もあるような場合は，端部の膜厚が薄くなり始める部分をみてそれぞれが重なるようにするとよい。通常のエアスプレーガンでは，その幅が50mm程度と考えればよい。

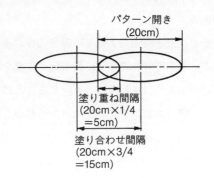

図3−11　パターンの塗り重ねおよび塗り合わせ間隔

この塗り重ねは，実際に塗装した場合，計算通りに運行できるわけではないので，一度で塗装しようとすると膜厚の重なりすぎたところや，反対に重なりが不十分のところがしま模様となってしまう。そこで前述のようにスプレーガンを早く動かし，何回か塗り重ねながら重なり部分が分散して平均化するようにスプレーガンを操作する。

以上は基本操作となるが，効率よく塗装するためには被塗装物に合わせた塗装方法も必要となる。図3−12は代表的な被塗装物形状に対する塗装操作の例である。

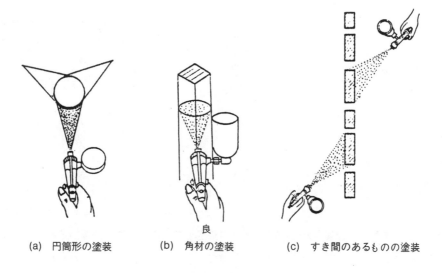

(a)　円筒形の塗装　　(b)　角材の塗装　　(c)　すき間のあるものの塗装

図3−12

④ スプレーガンの手入れ

エアスプレーガンは塗料ノズルと空気キャップの霧化装置部が精密にできているので,使用後はきれいに洗浄しておくことが大切である。

洗浄は,スプレーガンに残っている塗料を出した後,洗浄液を通し塗料通路の内部を洗浄する。この場合洗浄液を一度通した後空気を通し,再び洗浄液を通すように交互に行うと少ない洗浄液で早く洗浄できる。空気キャップは取り外してブラシなどでていねいに洗浄する。その他の部分も塗料の付着などを取り除き,しゅう(摺)動部にはわずかに油を付ける。洗浄時はスプレーガン全体を洗浄液に漬けないこと。洗浄液によってパッキンが変質したり,油分が取り除かれるほか,汚れた洗浄液が内部に入って装置を損なうことがある。

表3－2は,不完全パターンの原因とその対策を示す。

表3－2　　　　　　　　　　　不完全パターンの原因とその対策

現　象	原　因	対　策
吹付け時に塗料が息切れする。 息　切　れ	a．塗料通路に空気が入る。 　　塗料ジョイントの緩み,破損 　　塗料ノズルの破損,取付の不完全 　　ニードル弁パッキンの緩み,破損 b．塗料容器の塗料不足 c．塗料通路の詰まり d．塗料容器,ふたの空気穴の詰まり e．塗料粘度が高すぎる。	a．塗料通路に空気が入るのを防ぐ。 　　締め付け,取り替え b．塗料補給 c．固着している塗料を除去 d．詰まりを除去 e．希釈
パターンの形状が完全でない。	一度吹き付けて次に空気キャップの位置を180°回転してパターンを採り両者を比較する。パターンの形が同じならばノズルが不良,パターンが逆になれば空気キャップの不良	
曲がっている。 三　日　月	a．空気キャップの角穴がつまっている。 b．塗料ノズル口径の片側にごみがある。 c．空気キャップ中央穴と塗料ノズルの間が一箇所詰まっている。 d．空気キャップと塗料ノズルの接触面にごみが付着していて空気キャップのすわり不良。 e．空気キャップと塗料ノズルのいずれかの面が傷ついている。	a．空気キャップ角穴の詰まりを除去 b．ごみを除去 c．詰まりを除去 d．ごみを除去 e．取り替え

片方が大きく濃い。 片寄り	a. 空気キャップと塗料ノズルの間げきにごみまたは塗料が固着している。 b. 空気キャップの緩み c. 空気キャップまたは塗料ノズルの変形	a. ごみまたは固着塗料を除去 b. 締め付け c. 取り替え
中央部がくびれて両端が濃い。 中くびれ	a. 吹付け圧力が高すぎる。 b. 塗料粘度が低すぎる。 c. 角の空気使用量が多すぎる。 d. 空気キャップと塗料ノズルの間げきにごみまたは塗料が固着している。 e. 塗料噴出量が少なすぎる。	a. 吹付け圧力を調整 b. 塗料粘度を高くする。 c. 角の空気を絞る。 d. ごみまたは固着塗料の除去 e. 塗料噴出量を多くする。
噴霧化が不十分 中 高	a. 吹付け圧力が低すぎる。 b. 塗料粘度が高すぎる。 c. 塗料ノズル口径が摩滅等で極端に大きくなっている。 d. 塗料噴出量が多すぎる。	a. 吹付け圧力を調整 b. 塗料を希釈する。 c. 塗料ノズル取り替え d. 塗料噴出量を少なくする。

⑤ その他のエアスプレー

これまで述べてきたエアスプレーは工業用として広く用いられているはん(汎)用のスプレーガンであるが，同じエアスプレーと分類されるものとして，次のようなスプレーガンがある。

　a．自動スプレーガン　　自動塗装機に組み合わせてスプレー塗装を行うもので，引金操作によって吹付けの開始・停止を行う手動式に対し，圧縮空気の作用でエアピストンを作動させ，空気弁，ニードル弁を開閉する仕組みになっている（図3－13）。

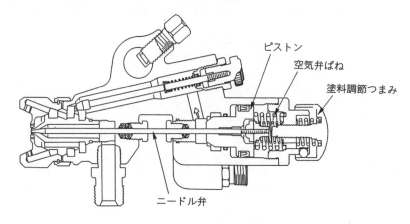

図3－13　自動スプレーガン

塗装の自動化にともなって種類も増えてきているが，基本的な構造と取り扱いは同じで，それぞれの制御を個々に可能とし，塗料噴出量，パターン開きなどを離れた位置から制御し，被塗装物に対し最適な塗装条件が設定できるような構造がとり入れられてきている。

またパターン形成用の側面空気穴を直交方向に2組備え，いずれか対の側面空気穴から圧縮空気を噴出することによって，パターンの向きを縦か横に変えることのできる自動塗装機，塗装ロボット用の自動ガンもある。

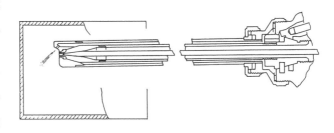

図3-14 片角ガン

b．片角ガン（図3-14）　細いパイプや円筒容器などの内面を塗装するため，細長く伸びたノズルより噴出する塗料を斜め前方に噴霧するスプレーガンで，側面の空気穴が片方しかないために片角ガンと呼ばれている。これも自動ガンの一種である。

c．高粘度ガン　特に高い粘度の塗料を噴出し霧化するため，塗料を加圧圧送できるように構成したスプレーガンで，吹付け空気の一部を塗料容器に送り込んで加圧する。通常のスプレーガンと同様の使用法でよいが，粘度の低い一般塗料を使用すると噴出量が多すぎて，よい塗装ができないので注意する。

d．内部混合スプレーガン　一般のスプレーガンは，塗料が塗料ノズルから，圧縮空気が空気キャップからそれぞれ噴出し，外で混合霧化されるものであるが，この内部混合式のスプレーガンは，キャップ内部で塗料と圧縮空気を混合させ，噴霧口から噴出するものである。この方式のスプレーガンは高粘度の塗料を効率よく霧化するために使われ，塗面の平滑さをあまり必要とせず，作業性を主体としている。

主な用途としては，接着剤や，粗い粒状物の混合された塗料，アンダーコート塗料などの吹付けがある。

e．特殊材料を用いたスプレーガン　構造や使用法は同じでも，吹付ける塗料によっては，一般のスプレーガンでは使えない場合がある。このため特殊な材質を用いた専用ガンがつくられている。水性塗料，あるいは食料品関係，化学薬品関係に用いる場合，接液部をステンレスにすることによって，さびや腐食を防ぐのがステンレスガンである。

またほうろうのうわ薬，研磨材など，硬い顔料，角材の入った特殊塗料を吹付ける場合，塗料ノズル，ニードル弁が早期に摩耗してしまうため，摩耗しやすい部分に耐摩耗性材料を用いたのがセラミックガンである。

f．工芸用スプレーガン 図3－15に示すのは，一般にエアブラシと呼ばれ，ごく少量の絵の具などを吹き付けてぼかしの模様をつくりだす。これもエアスプレーガンの1種である。このほか，もう少し多く，一般的なスプレーガンとの中間程度の噴出量が得ら

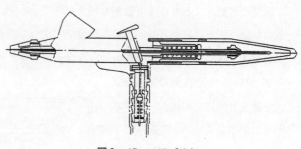

図3－15　エアブラシ

れる丸吹き専用のスプレーガンや塗料を霧化せずに細い連続した乱糸模様をつくりだすスプレーガン等がある。

⑥　空気圧縮機

空気圧縮機は，圧縮空気を作り出すための機械（図3－16）であり，圧縮された空気はエアスプレー塗装に利用されるほか，保存，補給の一手段または遮へい体として，さらには安全でクリーンなエネルギー源として利用されている。

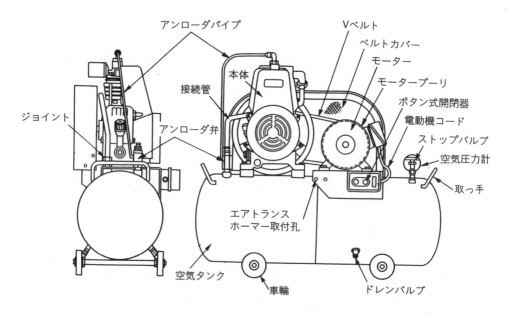

図3－16　空気圧縮機

多くの利用があるため，その種類も用途によって多様であるが，ここでは塗装用として一般に使用されるはん用の空気圧縮機について取り上げる。

空気圧縮機には圧縮の方法によってターボ形と容積形に分類される。ターボ形は，羽根を回転させ，それによって生ずる気体の流れをつくり，そのエネルギーの増加によって圧力を高める装置で軸流式と遠心式がある。容積形は，室内に気体を閉じ込め，その容積を縮めることによって圧力を高める装置で，容積を縮める方法によって，往復式と回転式に分類される。はん(汎)用の空気圧縮

機は，この容積形がほとんどである。往復式の代表例は，ピストン式と呼ばれるもので，図3-17のようにシリンダー内を往復移動するピストンによって押しのけられた空気が圧縮されながら吐出し弁より出され，空気タンクに蓄えられる。

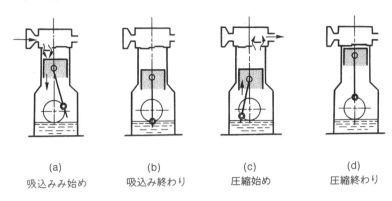

(a) 吸込みみ始め　(b) 吸込み終わり　(c) 圧縮始め　(d) 圧縮終わり

図3-17　空気圧縮機の工程

回転式は，スクリュー（ねじ）式，ロータリー式，スクロール（うず巻き）式等，圧縮構造の違いで種々あるが，いずれも回転運動を基本とするため振動や騒音が少ないという特徴がある。しかし，設備費は往復式に比べ高く，台数的には往復式の方が多く普及している。

出力に対する吐出空気量の性能としては，それほど大きな違いはなく，吐出圧力に対する空気量は，750W（1PS）あたり，圧力が700kPa（7kgf/cm²）で，約100 l /分程度が目安となる。したがって，スプレーガンが毎分200 l の空気量を使用するのであれば，1.5kWの空気圧縮機を用意すればよいことになる。

a．往復式空気圧縮機　ピストン式に代表される往復式は，構造，用途，制御等によって分類されている（表3-3）。

通常エアスプレーで使用される圧縮空気は，圧力が700kPa（7kgf/cm²）でよく，JIS B 8342に規定されている小形往復式空気圧縮機が適している。しかし，工場のライン塗装などで多数のスプレーガンを使用する場合や，他の空気工具などと共用する場合には，それぞれの使用空気量に見合った出力の空気圧縮機を設置することになり，大形の空気圧縮機が設置されている場合が多い。

図3-18に小形往復式空気圧縮機の本体構造図を示す。

往復式空気圧縮機の場合は，吸込みと吐出しが交互に行われるため，どうしても脈動があり，このため一度空気タンクに蓄えた後，使用する場合がほとんどである。空気タンクが一定の圧力に達した時に空気圧縮機の運転を制御するのが，表3-3に示す運転制御方式であるが，最近では，自動運転されるものが多くなってきている。

日常の管理としては，空気タンク内に空気中の水分が凝縮されてたまるので，時々ドレンバルブから排出すること，また空気圧縮機の空気吸込み口に付けられているフィルターを清掃してやることがあげられる。このほか，空気圧縮機が油潤滑式の場合には，油の汚れ，不足を点検することが

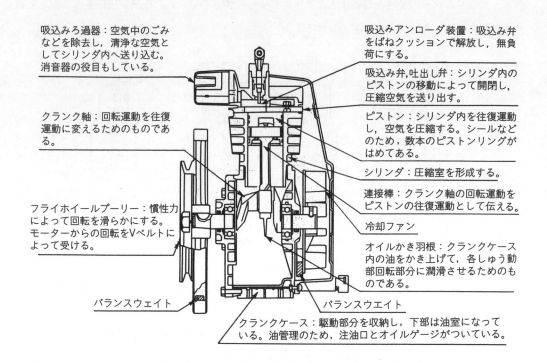

図3−18　往復式空気圧縮機の本体構造

大切である。空気圧縮機に使われる潤滑油は，カーボン化のしにくいコンプレッサーオイルを使用しないと，吐出し弁や吐出し管路中でカーボン化し，空気量の減少や故障につながるので注意しなければならない。

　b．回転式空気圧縮機　　回転によって順次に圧縮空気を送り出すうえ，動きに反動がないので，いずれも静かで，振動が少ないことが特徴であるが，反面設備費が高くなる問題がある。圧縮する部屋を形成する構造によって，ねじ式，ロータリー式，ベーン式，スクロール式とさまざまな種類があるが，いずれもパッケージ化されているものがほとんどで，取扱いの面では，あまり差がなくなっている。

　ねじ式やロータリー式は，大形のものに多く，ベーン式，スクロール式は小形のものが多い。保守作業は，フィルターの交換のほか，給油を必要とするものもある。給油を不必要としたオイルフリー化は，往復式と同様で，徐々にその割合が多くなってきている。とくにクリーンな圧縮空気を必要とする場合には，オイルを使用しないことが必要とされるわけで，精密な塗装，高級な塗装仕上げを必要とする場合には，オイルフリーの空気圧縮機を選定することが望ましい。

表3－3　　　　　　　　　　　　　　往復式空気圧縮機の分類

分類	種類	作動方式
運転制御方式	（Ⅰ）逃し弁	設定圧力になると自動的に逃し弁が開き，圧縮空気を大気放出する。
	（Ⅱ）アンローダー	アンローダーの働きにより，作動圧力範囲で負荷，無負荷運転をくり返す。
	（Ⅲ）圧力開閉器	圧力開閉器の働きにより，作動圧力範囲で自動発・停をくり返す。
	（Ⅳ）デュアル制御	圧縮空気の使用量に応じて，アンローダーか圧力開閉器式を自動選択する。
圧縮段数	1段	作動圧力1000kPa（10kgf/cm²）までのもので，1度で圧縮する。
	2段	1度圧縮した空気をさらに圧縮する2段階の圧縮をする。1000kPa（10kgf/cm²）以上の高圧用。
冷却方式	空冷	シリンダ，ピストンなどの冷却を空気流で冷却。フライホイールプーリーや冷却ファンで行う。
	水冷	水で冷却する方式で，定置式の大形によく見られる。
潤滑方式	給油　飛沫式	クランク室内の油を油かす羽根でかきあげ各部に給油する。
	給油　強制式	油ポンプを使って給油部に強制的に送る。
	無給油	しゅう動部に自己潤滑性の材質を用いて，油を使わないようにしている。
動力別	モートル	100V，200V駆動があり，0.75kW（1PS）以下が100V，0.75kW以上が200V
	エンジン	現場などの出張作業用として適している。
据え付け方式	可搬式	車輪付きで移動する場合に楽である。
	固定式	移動の必要性のない高馬力の機種に採用され，移動用の車輪は付いていない。

⑦　塗料供給装置

　スプレー塗装を行う場合，ごく少量の塗装であれば，スプレーガンに付属する塗料容器に入れた塗料で行うことができる。しかし一般にスプレーガンに付属させる容器は，1ℓ以下であり，大量に塗装する場合や，大きな被塗装物の場合には，何回も塗料を補給することになり作業性が悪くなる。このため工業塗装においては，多くの場合，塗料を圧送する装置を用い，塗料ホースでスプレーガンに供給する方式がとられている。塗料の供給装置は，大別すると，圧縮空気の力で圧送する加圧タンク方式と，機械的なポンプによって連続的に塗料を送るポンプ方式がある。

a．加圧タンク方式　圧力容器に塗料を入れ，減圧弁で調節した圧縮空気を送りこんで，その圧力によって押し出す方式の装置で，最も手軽に使用されている。空気の加圧力で押し出すため，駆動部分がなく，取扱いも容易であるが，耐圧強度を持たせるため金属性の容器を使用しており，重いことと，内部の塗料残量が不明で，補給時には作業を中断しなければならない等の欠点がある。作業の中断をさける方法としては，二つの容器を備え，交互に使用するなどがある。

塗料の供給量は，加圧する圧縮空気の圧力を調節して行うが，塗料の粘度が変化すると供給量に大きく影響するので，温度変化による塗料粘度の変動に十分注意する必要がある。

b．ポンプ方式　塗料ポンプとしては，安全性の面から空気駆動式が多く用いられている。その1つがプランジャー式で，この方式のポンプはエアレス塗装用の高圧ポンプと同じ仕組みである。また同じエア駆動式でダイアフラムを用いたダイアフラム式塗料ポンプがある。

通常プランジャー式は高圧向きであるため，高粘度塗料のような出にくい塗料に使われることが多い。これに対し，ダイアフラム式は，塗料のポンプ部分にしゅう動部がなく，耐久性にすぐれているため，一般塗料に適している。

図3－19はダイアフラムポンプの構造を示している。このポンプはロッドにつながれた2つのダイアフラムをもつポンプで，複式ポンプとなっている。これは，どちらか一方のダイアフラムが必ず吐き出し行程と

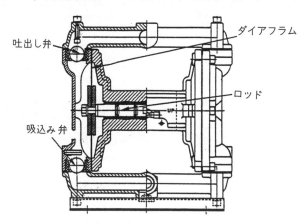

図3－19　ダイアフラムポンプの構造

なって，常に塗料を吐き出すための仕組みで，吐き出し量にむらがないようにしたものである。図3－20の例は，最も簡単なセットの構成例で，塗料缶の上に載せるだけでよい構造のものである。複数のスプレーガンに塗料を供給するには，図3－21のようにラインを組むようにすればよい。

表3－4にダイアフラムポンプの仕様例を示す。

⑧　圧力調整器

空気圧縮機からの圧力を使用するスプレーガンに適した圧力に調整するための装置で，常に一定の圧力にして送り出すことができ，安定した塗装の条件を維持できるものである。図3－6に示した圧力調整器は，空気清浄器を組み込んだ装置であるが，ちょう（蝶）ねじを締め込むことによって，ダイアフラムをばねの力で押し，出口側の圧力がダイアフラムを押す力とつり合って送り出す空気の圧力を一定に保つ仕組みとなっている。この仕組みは，減圧弁とも呼ばれ，プロパンガスのように高圧ガスボンベから一定の圧力で送り出したり，塗料を一定の圧力，すなわち一定の流量で供給する場合など，多くの方面で利用されている。

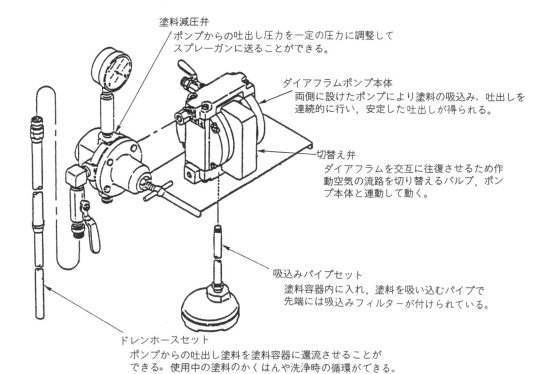

図3-20　ダイアフラム式ペイントポンプ

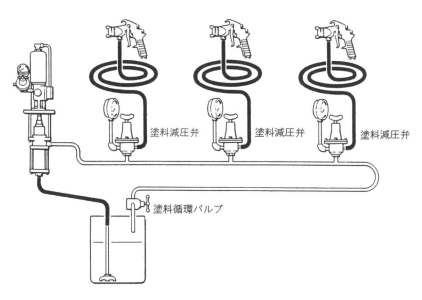

図3-21　塗料循環ライン

⑨ 空気清浄器，エアドライヤー

単に空気中のごみやほこりをとって，きれいな空気として送り出すためのフィルターから，衝突板や遠心力を使って清浄な空気のみを供給する清浄器まで，さまざまな種類があり，塗装装置の一部として欠かせないものとなっている。

圧縮空気中へ混入するごみや水分は避けられないもので，仕上がりを厳しくする塗装ではとくに必要となる。

表3-4 ダイアフラムポンプの仕様例

最高使用塗料圧力(MPa)	0.7	0.7	1
最高使用塗料粘度(秒/NK-2)	100	60	30
1サイクル当たり吐出し量(ml)	50	20	430
最大サイクル数(回)	200	300	150
最大吐出し量(ml/min)	10	6	60
ダイアフラム径(mm)	90	70	160
重量(kg)	9	4	12
使用温度範囲(℃)	5～40		
吸込みフィルター(メッシュ)	50		

空気中の水分は，気体として空気に含まれるため通常の手段では取りにくい。このため，使用されているのがドライヤーである。空気に含まれる水蒸気の量は，温度によって大きく異なり，低温では少なくなる。このことを利用して空気温度を下げると，水蒸気として含みきれない余分の水分が水滴となって除去され，乾燥した空気として取り出すことができる。

このほか，吸湿剤を入れた容器中を通して水分を吸着する除湿器もある。この場合は，2つの容器をそろえ，一方の除湿効果がなくなると他方の除湿器を使用し，その間に圧縮空気を使って吸湿剤を再生させ，交互に使用することによって連続した使用を可能にしている。

⑩ 空気ホース

空気圧縮機からスプレーガンへ圧縮空気を送る空気ホースは，通常直径1/4インチ（約6mm）のものが使用される。材質はゴム製や合成樹脂製があるが，軽く扱いやすいものとしては，ビニルホースが最も手軽である。しかし，塗装作業の場で溶剤に対して保護しなければならない場合は，ウレタン製ホース等溶剤に比較的強いものを使用した方がよい。

空気ホースを使用したときに注意しなければならないことは，圧力降下である。圧縮空気がホース内を流れるとき，通路の抵抗により圧力の低下が生じ，使用するスプレーガンなどの使用機器に供給されたときには，必要とする圧力が不足していることがある。とくにホースの長さが長い場合や，使用する空気量が多い場合には，圧力降下の割合が大きくなるので，元の調整圧力を十分高めに調整しておく必要がある。

(3) エアレススプレー

① エアレス塗装装置の構成

エアレス塗装装置は，エアレスガン，高圧塗料ポンプ，高圧塗料ホース等で構成される。図3－22は代表的なエアレス塗装装置の例で，高圧の塗料ポンプは10MPa（100kgf/cm^2）以上の高圧塗料をエアレスガンに供給できるものが用いられる。

第3章 金属塗装の方法 47

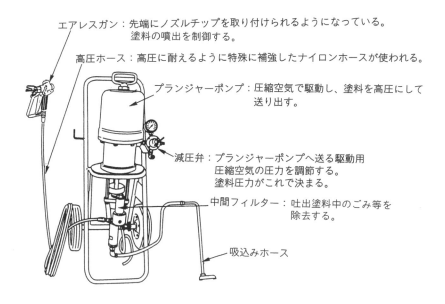

図3-22 エアレス塗装装置

a．高圧塗料ポンプ　高圧の塗料ポンプは，圧縮空気の力で往復式のエアモーターを作動させ，その往復動によって作動するプランジャーポンプ式と，モーターまたはエンジンにより油圧ポンプを駆動し，その油圧によってダイアフラムを動かして，塗料のポンプを作動させるダイアフラムポンプがある。

エア駆動のプランジャーポンプは，圧縮空気の力で作動させるため，揮発性溶剤を含む塗料に対して引火，爆発の危険性なく使用できる。機種も豊富で，小形から大形まで種々あり，多くの用途に対応している。

図3-23は内弁式のエアモーターを備えたプランジャーポンプの構造を表したもので，空気減圧弁によって調整された圧縮空気がエアピストンに作用して往復動する。この構造は空気の切替え弁がエアシリンダーの中にあることから内弁式と呼ばれるが，他に外弁式の構造もある。エアピストンの動きはロッドによって下部のプランジャーポンプに伝えられ，塗料

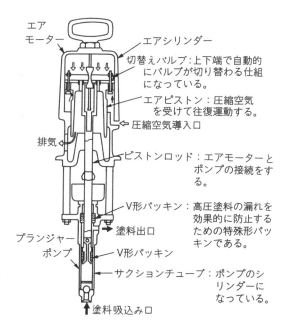

図3-23 プランジャーポンプの構造

の吸い込み，吐き出しを行う。このポンプの構造は，図3－24のようにロッドの下降，上昇ともに塗料を吐出す仕組みとなっており，複動式ポンプとも呼ばれる。

エア駆動のプランジャーポンプは，エアモーターが圧縮空気を受ける断面積と，塗料ポンプ側の吐出し塗料圧力がかかる断面積の比がポンプの圧力倍率となり，塗料圧力を調節する場合に目安となる。一般に20～50倍になっているのがエアレス用で，圧力倍率が25であれば，400kPa（4 kgf/cm^2）の圧縮空気を供給することによって塗料圧力を10MPa(100kgf/cm^2)にすることができる。

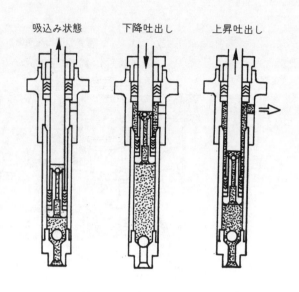

図3－24　プランジャーポンプの作動

ダイアフラムポンプは，モーターまたはエンジンにより油圧ポンプをしゅう動させ，その油圧力によってダイアフラムを動かしてポンプ作用を行うもので，ポンプは吸い込みと吐出しを交互に行うポンプである。したがって塗料は断続する吐き出しであるが，1秒間当りの吐き出し回数は25～30回と多く，連続して吐出されているように見える。ガンからの吐き出しを停止すると，塗料の流れは中止されるが，油圧ポンプ側の圧力は圧力調整弁から油室へ逃げ，再び油圧室へ吸い込まれる経路を通り循環する流れとなる。

ダイアフラムポンプは，一般に防爆構造がとられておらず，主な用途は現場作業用として軽便なものであり，鋼橋塗装や建築塗装に多く用いられる。したがって有機溶剤系の塗料を使用して屋内塗装をするような場合は，十分に換気の行きとどいた作業場で用いるようにしなければならない。

表3－5　エアレス用プランジャーポンプの仕様例

区分		圧力倍率	最高塗料圧力 MPa	最大燃料噴出量 l/min	最大空気使用量 l/min(動力)
プランジャー	簡易形	20：1	14	1.0	150
	小形	25：1	17.5	2.5	600
	中形	30：1	21	5.3	900
		53：1	37	3.0	950
	大形	32：1	22.4	13.4	2400
		45：1	31.5	9.6	2800
	ジンク用	14：1	10	12.5	1000

図3－25は，エアレス用ダイアフラムポンプの構造と各部の働きを示している。また表3－5は，エアレス用プランジャーポンプ，表3－6はダイアフラムポンプの仕様例を示している。

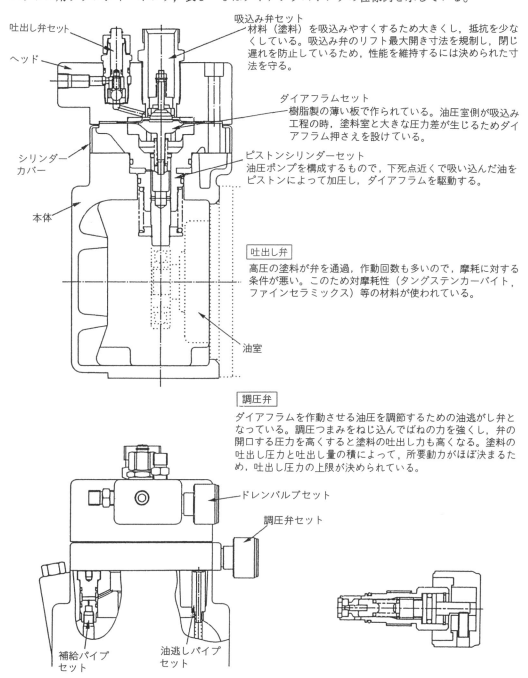

図3－25 ダイアフラムポンプの構造と各部の働き

表3-6　　　　　　　　　ダイアフラムポンプの仕様例

駆動	モーター	モーター	エンジン	モーター	エンジン	モーター
出力	400W	700W	2kW(2.7PS)	900W	2kW(2.7PS)	2.2kW
定格電流(A)	6.5	13.5		14		9.2
最高使用圧力(MPa)	18	21	21	24	24	24
吐出量(l/min)無負荷時	1.8	3.4	4.2	4.3	5.2	7.6
10MPa時	1.4	2.5	3.0	3.0	3.7	5.8
回転数(rpm)	1440	1440	1700	1440	1800	1430
ピストン径(ϕmm)	14	18	18	20	20	24
ストローク(mm)	9	9.5	9.5	9.5	9.5	10.3

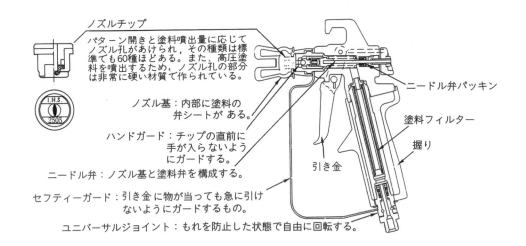

図3-26　エアレスガンの構造

b．エアレスガンとノズルチップ　高圧の塗料を噴霧するエアレスガンは，図3-26のような構造をもっており，先端に付けられるノズルチップによって，必要とするスプレー状態を得る。一般にエアレススプレーで噴射される塗料の圧力は，10MPa(100kgf/cm^2)であり，小さな噴出口をもつノズルチップから噴射される塗料の勢いは皮膚をつき破るほどである。このため安全をはかり，チップに手が近づかないようにしたハンドガード，引き金が他のものとぶつかって，不用意に引かれないようにしたセフティーガード，必要な時以外は引き金が引けないようにしたロック機構などの装置がついている。

またエアレスガンに接続する高圧塗料ホース（ナイロンホース）は，耐圧力を高めるため補強の編組みを施してあるために固く，エアレスガンの操作性が損なわれることから，接続部が自由に回転できる仕組みのユニバーサルジョイントが付けられている。

ノズルチップは，エアレスガンの先端に取り付けられる噴霧ノズルで，パターン幅と噴出量によって数多くの種類があり，被塗装物や使用する塗料によって選定，交換して使用する。橋梁，鉄骨などの比較的仕上げ面の要求が高くない塗装には，パターン幅，噴出量をある範囲で調節することができるフリーパターンチップ（図3-27）などもある。いずれも耐摩耗性を必要とするためノズル部はタングステンカーバイト等の超硬材料が使用されている。またエアレススプレーには，テールと呼ばれるエアレススプレー特有のパターン不良が生ずることがある。これは，図3-28のように噴霧の両端に塗料の一部が分離して噴出するもので，このままではしま（縞）状の吹付けパターンとなり，きれいな塗装が望めない。このため特殊のノズルチップを使用するか，またはノズルチップの前に小さい穴のあいたプレートを入れる等して防止する。このテールは，高粘度の塗料や顔料分とくに重防食塗料などの重い顔料が多い塗料を使用すると出やすく，また吹付け圧力が低くても出やすい傾向がある。

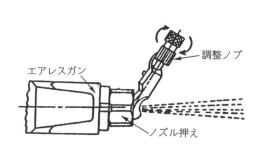

図3-27　フリーパターンチップ

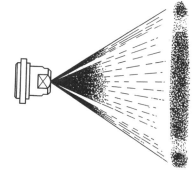

図3-28　テール

c．高圧塗料ホース　　高い耐圧力が必要の他，耐溶剤性も要求されるため，一般にはナイロン製のホースにステンレス線やナイロン糸によって編組み補強が施してある。通常はステンレス線補強のものが柔軟性があり，操作性が良いので多く使用される。

また塗料ポンプは脈動があるために，これを吸収することも必要であり，特別に脈動防止効果の高い塗料ホースを途中に接続して使用することもある。

長い塗料ホースを使用する場合に気をつけることは，ホース内の抵抗による塗料の圧力降下である。とくに高粘度塗料を使用する場合や，噴出量が多い場合には，圧力降下の割

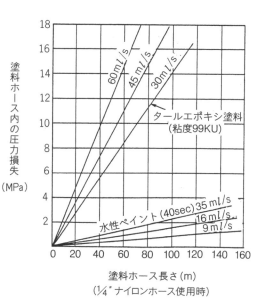

図3-29　塗料ホースの圧力降下

合も大きくなるので，そのような時には，太いホースを使用することが望ましい(図3-9)。

② 調整

　a．塗料圧力　　エアレス塗装では，塗料の圧力を8～12MPa（80～120kgf/cm²）に調整して吹付けるため，使用にあたっては高圧力に対して十分に注意する必要がある。エア駆動式プランジャーポンプを使用する場合は，作動空気圧力を徐々にあげて塗料の噴霧状態を確認しながら所定の圧力とする。ダイアフラムポンプの場合は，塗料圧力計が付属されていれば，その圧力計を見ながら調整する。ただしこの場合も，ノズルチップを付けて，噴霧状態を確認しながら調整すること。特に噴出量の多いノズルチップを使用するほど，実際に噴霧した場合，大きく塗料圧力が低下するのでポンプからの吐出し圧力を高めに調整しておくことが必要となる。

エアレススプレーでは，ノズルチップの交換によってパターン幅と噴出量を変えるが，塗料圧力によって変化するので予め確認しておくのがよい。

図3-30，図3-31は塗料圧力に対するパターン開き，塗料噴出量，平均粒子径を例として示したものである。塗料圧力に対するパターン開き，塗料噴出量，平均粒子径を例として示したものである。塗料圧力を高くしすぎても，塗料噴出量に顕著な差が現れるだけで噴霧の平均粒子径はあまり変わらず，ノズルチップの摩耗やポンプの耐久性，また安全性から考えて，可能な範囲低い圧力で使用することが望ましい。

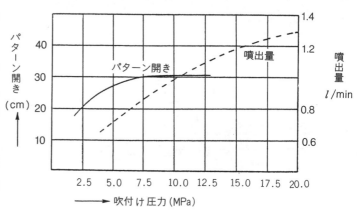

図3-30　パターン開き・噴出量の変化

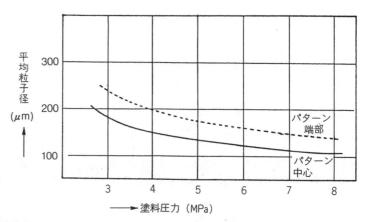

図3-31　平均粒子径の変化

　b．パターン開きと塗料噴出量

エアレススプレーは，すでに述べたようにノズルチップの交換によってパターン開きと塗料噴出量が決まるため，その選定が重要となる。一般的には被塗装物の大きさによってパターン開きの値が選定され，使用する塗料の種類，粘度によって噴出量の値が選定される。共通教科書第1編

「塗装一般」の表1-2に示したノズルチップ仕様は，塗料圧力10ＭＰa（100kgf/cm²），吹付け距離300mm，塗装はラッカープライマー，粘度40秒（フォードカップNo.4で選定）での値であり，塗料が変われば，これらの仕様値は変化する。粘度が高くなれば噴出量が低下するので，高粘度で使用する塗料ほど，噴出量の多いノズルチップを選定する。

　　ｃ．塗料粘度　　エアレススプレーでの塗料粘度は，比較的高粘度に調整される。高圧力で噴霧されるため原液でも吹付け可能であるが，高粘度ほど高圧力を必要とすること，均一な膜厚で仕上げるには低粘度の方が容易であること，などから粘度を調整して使用される。一般的にエアスプレーで使用する粘度の2倍程度高く調整すると考えればよい。

　③　スプレー操作

　基本的には，エアスプレーと同様で，吹付け距離を一定に，安定した運行速度で作業することに変りはない。しかし，エアスプレーに比べ噴出量が多いため，吹付け距離は300～400mm，運行速度は1ｍ／秒程度と，少し離れて速く動かすのが一般的である。

　エアスプレー時，高圧力でノズルチップから噴出する塗料は，噴出直後フィルム状であり非常に危険であるため，絶対に人体に向けて噴出しないよう注意する。また塗料が高圧噴射すると，塗料によっては静電気が発生するため，必ず装置や被塗装物に対してアースをとるよう注意する。とくに合成樹脂塗料，高分子系樹脂塗料の場合は気をつける。

　④　手入れ

　高圧塗料ポンプのほか，塗料通路となる部分は十分に洗浄しておくことはいうまでもないが，特に長期にわたり使用しない場合は，完全に洗浄する。また塗料フィルターは取り外して，ブラシなどで洗浄しておく。洗浄が不十分であるとポンプは，わずかな塗料の付着によって吸込み弁や吐出し弁が固着し，吸込み不良を起こすことになる。

　エアレスガンも同様であるが，ノズルチップは非常に穴が小さく，塗料もつまりやすいので，ていねいに洗浄し，エアーブローしておくとよい。塗料が詰まった場合は穴の回りをきずつけないよう比較的やわらかいもので取り除いてやる。

(4)　エアエアレススプレー

　エアスプレーとエアレススプレーの長所をとりいれたスプレー法として，使用が増加してきた方法で，一般のエアレススプレーに対し約半分の塗料圧力で噴霧し，さらに低圧の圧縮空気によって噴霧を促進し，かつパターンの安定化，パターン幅の調整，エアカーテンによる塗料飛散の防止などをはかったものである。このスプレー法の特長は，塗着効率にすぐれ，塗面の仕上がりがよく，おう(凹)部への塗料の入り込みがよいため複雑な形状物に対する均一な塗装が可能となる等があげられる。

　用途として，金属製品全般から機械，木工製品，車両等が多く，全般にわたって使用されている。

　①　構成

図3-32に示すように，エアレス用と変らないが，エアレスに比べ低圧仕様で，スプレーガンは専用のスプレーガンが使われる。構造上はエアスプレーガンと似ているが塗料の噴出口が，エアレスのノズルチップと同様の扇形スプレーノズルとなっている。圧縮空気の調節は，パターン調節弁で行い，空気キャップに設けた各空気口から出る量を調節している。

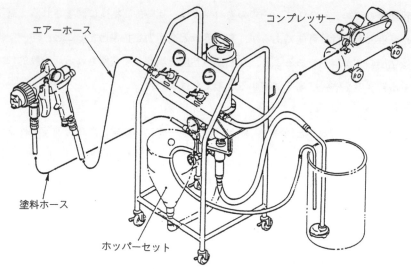

図3-32 エアエアレス塗装装置

② 取扱い

塗料ポンプはエアレス装置，スプレーガンはエアスプレーと同様な取扱い使用法となる。ただし塗料圧力は4～5MPa（40～50kgf/cm²）程度とし，あまり高圧にしない。また塗料粘度も一般のエアレススプレーより低く，エアスプレーに近い粘度に調整する。

塗料噴出量は，大形のエアスプレーガン程度であるため，チップの穴は小さく，わずかなごみで

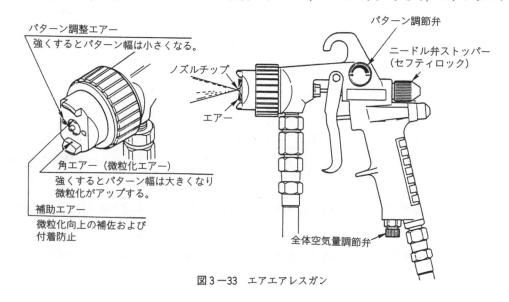

図3-33 エアエアレスガン

も詰まりやすいので，十分にろ過した塗料を使用する。

スプレーガンは，150～200kPa（1.5～2kgf/cm²）の空気圧力で吹付け，パターン調節弁によって噴霧状態を調節する。エアエアレスの場合，平らなパターンの両端より空気を衝突させて，パターンが若干小さくなる位で塗装すると周囲にエアカーテンを形成し，塗着効率を向上させることができる。

(5) その他のスプレー塗装

スプレー塗装は，エアスプレーとエアレススプレーの基本的な塗装法と，そのスプレーガンで代表されるが，これらのスプレー塗装を改善して，特長をもたせたスプレー塗装がいくつかある。

① ホットスプレー

通常ホットスプレーと呼ばれるものは，塗料を加温してスプレー塗装を行うもので，エアー，エアレスのいずれにも使われている。

塗料は加温すると粘度が低下するため，塗料を細かい霧にするための条件が良くなる。したがって溶剤をあまり使わずにスプレー塗装ができるため，溶剤の節約になるのはもちろんであるが，塗料粘度の調整が気温に左右されず，一定の希釈率で行うことができるので，安定した塗膜品質が得られる利点がある。またスプレー後，急速に温度が低下して塗料粘度が上昇するので，塗装面のたれが防止でき，厚膜塗装などにも好都合である。さらに加温によって塗料粘度が低下することによって吹付け空気圧力を低くすることができるため，飛散防止，塗着効率の向上をはかることも可能である。

ただし，塗料を加温するための設備を必要としたり，加温による危険性に十分注意をはらって使用する等，別に考えなければならない点もある。

塗料を加温する代わりに，エアスプレーの吹付け空気を加温して行うホットエアスプレーもある。効果としては間接的に塗料を温めることになり，ホットスプレーと同様の効果が望めるが効率は悪く，むしろ吹付け空気によって雰囲気を温めた塗面のレベリングをよくしたり，水系塗料の乾燥を促進させる働きを得るために用いられている。

② 低圧霧化スプレー

エアスプレーの一種であるが，エアスプレーガンの欠点ともなっている塗料の飛散を減少させ，塗着効率の向上をはかるため，低圧の空気でスプレーを行うものである。

低圧霧化の方式としては，一般的なスプレーガンと同様の構造をもち，空気穴を大きくして，噴出の空気圧を低くし，多量の空気によって霧化を行う方式が取られている。通常のエアスプ

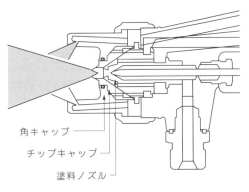

図3-34 低圧霧化スプレーガンの霧化機構

レーガンに比べて1/5の吹付け圧力でスプレー塗装することにより，

a) 塗着効率が5～20％上昇し，塗料消費量が節減できる。
b) 飛散はね返りの減少，塗装作業域の環境改善，塗装ブースの汚れ減少などの効果が望めるものである。

このほか，内部混合による霧化効率の良さを生かし，塗料をスプレーガンのキャップ内で混合霧化した後，一般のスプレーガンのように外部よりさらに空気を衝突させて霧化を加え，パターンの形成を行う方式がある。図3－34に示すこの方式は，外部混合のみの方式に比べ1/2の空気量で同等の霧化が可能であり，多量の空気を使用しないので既存の設備で使用が可能となる。しかし，内部混合を一部使用しているため，圧送された塗料噴出量は，吹付け空気圧力やパターン開きの変化に影響を受けることになり，塗料噴出量の調整もしなければならないなど，取扱いに若干の熟練が必要となる。

1.4　静電塗装

(1) 原　理

静電塗装は，静電気の＋と－が引き合い，＋と＋または－と－が反発しあう力と，高電圧の電極から被塗装物に向かって形成される放電電界を利用している。

接地（アース）した被塗装物を＋とし，静電塗装装置の電極に－の高電圧（一般に30～120kV）を与えて，両極間に静電界をつくる。噴霧された塗料粒子は，電極付近に発生するイオン化域を通過する際に帯電し，反対極である被塗装物に効率よく塗着する。

(2) 種　類

① 静電霧化式

静電気の作用で塗料同士を反発させて霧化する方式を利用したもので，カップ式とディスク式がある。

いずれも高速で回転させて塗料を先端縁へ導き，遠心力による飛散と静電気による霧化で塗料の微細粒子をつくりだす。この方式は，塗料粒子径が細かく塗着効率にすぐれているが，複雑な形状物や深い溝のあるものなどは塗着されにくく，補正塗りが必要となる場合がある。

カップ式は，固定もしくは往復移動装置等に取り付け，コンベアで運ばれる被塗装物に向かって塗装される。このため被塗装

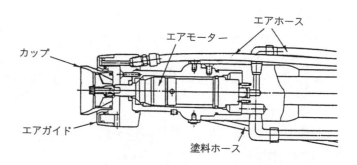

図3－35　回転カップ式静電塗装機

物に合わせ,回転カップの周囲に圧縮空気を噴射して,塗料粒子の広がりを制御できるようになっている（図3-35）。

ディスク式は,円板の周縁から塗料が噴霧されるので,一般には塗装装置の周囲をとり囲むリング状のコンベアと一対で使用される（図3-36）。

② エアー霧化式

エアスプレーガンを静電塗装の霧化装置として用いたもので,最もはん(汎)用的に手軽に使用される静電塗装機となっている。この方式は自動ガンのほかに,手動の手持式があり,一般のスプレーガンと同様の手軽さで静電塗装が行える手持式の場合,60～70kVの高電圧を用いるが,高電圧発生器から高電圧ケーブルで静電ガンに荷電するものと,スプレーガンに組み込んだエアタービンを回転させて発電し,これを倍電圧回路を用いて,昇圧させる内部発電式のものなどがある。噴霧パターンは,平吹きと丸吹き専用に大別され,平吹きは通常のエアスプレーガンと同様の空気キャップが使用され,これと同様に使われる。丸吹き専用の場合は,環状のスリットから塗料を噴出し,これを同じく環状の空気噴出孔からの圧縮空気で霧化し,塗装する構造のものが一般的で,細かい塗料粒子が得られるため,仕上がりが良く,帯電効果が良いため塗着効率が平吹きに比べてすぐれている特長がある。

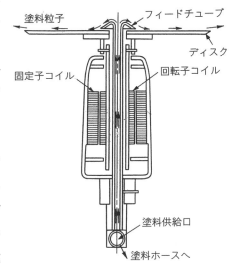

図3-36 ディスク式静電塗装装置

③ エアレス,エアエアレス式

エア霧化式と同様,霧化をエアレススプレー,またはエアエアレススプレーで行い,霧化塗料に静電気をかけて塗着させる方式である。したがって,この方式の場合も,自動式と手動式があり,またエアエアレス方式の場合は内部発電方式（図3-37）がある。それぞれの特徴は,基本のスプレー方式の特徴をもち,かつ静電塗装としての特徴を備えるものである。

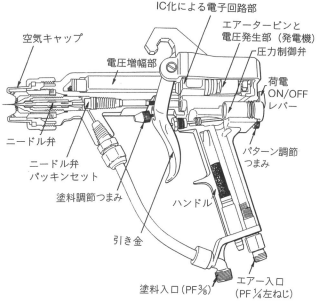

図3-37 内部発電方式エア静電ガン

(3) 取扱い

静電塗装の場合，手持ち式で60kV，定置式，自動式では100kVを超える高電圧が使用されることもあり，スパークやリークに対して十分な注意が必要である。とくに，静電塗装の際，周囲3m位の範囲には放電が行われているため，その範囲に絶縁された導電物があると次第に帯電し，接地

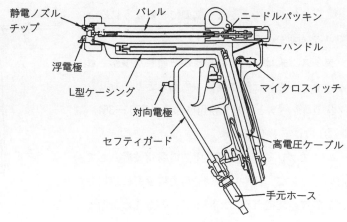

図3－38　エアレス静電ガン

物が近づいたときスパークを起こすことがある。そのため，周囲の導電物はすべて接地（アース）し，作業者は導電靴を着用し，手持ち式の静電ガンを使用するときは素手で静電ガンを操作し，ハンドルからアースされるようにする。

もちろん被塗装物も接地状態を維持しておくことが，塗着効率や安全性の面から必要であり，ハンガー等に付着した塗料によって絶縁されることのないよう注意を払う。

装置は，それぞれ種類によって取扱い方法が異なるが，装置としての安全性は図られているので，説明書や業者の説明を十分理解したうえで使用するようにする。

① 塗料の調整

静電塗装の場合，塗料の調整は静電効果に大きな影響を与える。そのため，最も良い状態を得るため予備試験を行うことが望ましい。一般的には，塗料の粘度と，電気抵抗値が主な項目となる。粘度は微粒化に影響し，塗料粒子径が静電効果に影響を与えるので，通常のスプレー塗装より低めとするとよい。

これは細かい粒子として，より多くの粒子を生成し，それぞれに帯電させて効果を上げるとともに，微細粒子にしてスプレーの運動慣性力を小さくし，静電エネルギーを効果的に働かせるためである。

塗料の電気抵抗値は，希釈する溶剤によって調整されるが，一般に電気抵抗値が低いほど帯電率がよくなり，塗着効率が増加する。静電塗装用に調整された塗料や静電用シンナーを用いる場合はよいが，そうでない場合は，極性溶剤を用いることで塗料抵抗値を下げることができる。しかし，極性溶剤は，一般的に低沸点の場合が多く，低沸点溶剤を多用すると塗着までの間に溶剤の蒸発が促進し，肌荒れの原因となるので，ある程度高沸点の溶剤も使用しなければならない。

このように塗料の調整が，塗装の仕上がり，塗着効率に直接影響する割合が高いので，実際に使用する塗料を十分にテストしたうえで塗装するのが望ましい。

② 操　　作

手持ち式静電ガンの操作は，一般のスプレーガン操作に比べ，吹付け距離を少し離し，ゆっくりと操作するのが，塗着効率をあげ，均一な仕上がりをする上で好ましい。

これは静電気による吸着率を高めるため，塗料粒子がより遅い速度で被塗装物に到着させるようにするためで，自動塗装にも当てはまる。静電塗装の場合，くぼんだ部分には塗料が入り込みにくいので，そのような場合にはねらい込んで吹き付けるようにすることも必要である。

1.5　粉体塗装

(1)　種　　類

粉体塗装法としては，静電流動浸漬法と静電吹付け法が各種被塗装物に対してはん用性が高く，広い範囲で使用されている。

① 流動浸漬法

共通教科書第1編「塗装一般」の図1-16に示すように，底に多孔板を設けた粉体槽の下部より圧縮空気を送り込み槽内の粉体塗料を流動状態にした中に加熱した被塗装物を沈め，付着した塗料が被塗装物の熱で溶け，塗膜を形成する。コンベアにつり下げられた被塗装物を順次自動的に塗装する方法で，比較的簡単な方法である。

② 静電流動浸漬法

①の方法に似ているが，槽内に設けた高電圧電極により塗料を帯電させ，対極に接地した被塗装物へ付着させる。このままでは静電気の力で付着しているだけなので，これを加熱炉で粉体を溶融して塗着させ，冷却すると塗膜が形成される。

③ 静電スプレー法

液体スプレー法と同様，粉体塗料を圧縮空気とともにガンから噴出させ，静電気の力で被塗装物に付着させる方法で，はん用性があるため広く使用されている。

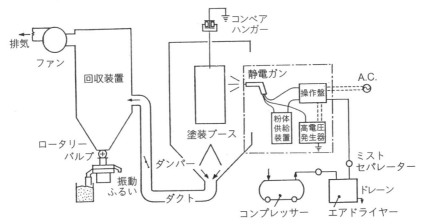

図3-39　静電粉体吹付け塗装機器および付帯設備　[吉田豊彦他著 "塗装の事典"（朝倉書店）より]

装置としては，粉体スプレーガンのほかに，粉体供給装置，粉体回収装置が必要で，液体に比べると専用のシステムとなり，設備が大がかりになるのが難点である。

スプレーして被塗装物に付着しなかった塗料は，回収装置（液体ブース）により回収され，再使用することができる。このため塗料むだがないが，色替えの場合には，装置全体を清掃する必要があり，色替えがなく大量の塗装を行う場合に使用されることが多い（図3-39）。

1.6 浸漬塗装と電着塗装

(1) 浸漬塗装

塗料をためた槽の中に被塗装物を浸して塗着させる方法で，原理としては最も単純であるが，塗料の調整，被塗装物の選定，浸す時と引き上げる時の速度等，十分な管理が必要となる。塗料は適正な粘度に常に調整，かくはんを行い，安定した状態に維持しないと塗膜厚の不均一な仕上がりとなってしまう。

被塗装物は，引き上げた時塗料のたまりがないように単純な平板状のもの，ばね，棒状のものなどに適する。形状が複雑な場合は，塗料たまりや気泡により塗装できない箇所ができないよう，塗料中に入れる方向を考えて設定しなければならない。

また塗料の付着量に差がある場合には，被塗装物を回転させるなどして均一になるよう搬送装置を工夫する必要がある。

(2) 電着塗装

塗料中に沈めて塗装する方法として，より確実な塗膜を形成したい場合には電着塗装法を用いる。この方法は，水溶性あるいはエマルションに直流電圧をかけ，被塗装物の表面に電気的な作用で塗膜を形成させる方法で，いわば電気めっき的な塗装法とされている。

① 原　　理

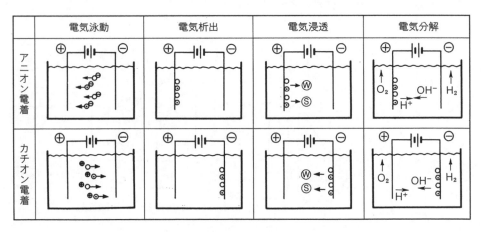

図3-40　電着塗装の種類と作用

電着塗装は，塗料によって塗装の被塗装物に塗着するカチオン電着と，陽極の被塗装物に塗着するアニオン電着とに分けられるが，次にあげる4つの電気化学作用によって塗料中で水に溶けない塗膜を形成する（図3－40）。

① 電気泳動……荷電された樹脂粒子が対極である被塗装物へ移動する。
② 電気析出……対極面上に到達した樹脂粒子は電子を放出して析出する。
③ 電気浸透……析出塗膜中の水分が塗料液中に移動し，脱水され電気を通さなくなる。
④ 電気分解……電極で発生するガスにより，近くの塗料粒子は水に不溶性の塗膜となる。

塗膜は徐々に被塗装物上に形成され，しかも電圧等の条件によって一定の膜厚になると次第に電気を通さなくなるため，膜厚の薄い部分につきまわり，全体にほぼ均一な膜厚で塗装が完了する。

この塗膜は水に溶けないため槽から引き上げたあと，単に付着しているだけの余分の塗料を水洗し，乾燥させて完了する。

1.7 カーテンフローコーター

(1) 構成と機能

図3－41は，カーテンフローコーターの構成を示す略図である。

装置は，

① ポンプセット……塗料容器，塗料をヘッドに供給するポンプ，塗料の流量調整弁，塗料フィルター，塗料受け等からなる。

② ヘッドセット……薄いカーテンをつくる細長いスリットをもつ塗料槽

③ コンベアセット……被塗装物を搬送するコンベアでカーテン部で2分されている。

の3つの部分から構成されている。

ポンプによって送り出された塗料は，流量調整弁で供給圧力が調整され，ヘッドの底部に設けられたスリットから薄いカーテン状に流出する。流出塗料は塗料受けからタンクにもどり，再びポンプで送り出されて循環する。被塗装物は，コンベア上を移動し，塗料のカーテン部分を通過した時に塗装される。

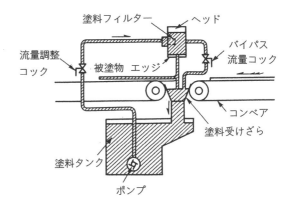

図3－41　カーテンフローコーターの構成

(2) 取扱い

カーテンフローコーターによる塗装は，塗料カーテンを形成するスリットによるところが多く，安定した塗料のカーテンをつくることが大切となる。塗膜は，スリットの幅，塗料の圧送圧力，コ

ンベア速度，塗料粘度によってそれぞれ変化し（図3－42），いずれかを調整しながら最適の条件をさがし塗装をすることになる。

塗料のカーテンは，あまり薄くすると裂けや，切れが発生し，未塗装部分が生ずるので，スリット幅を小さくしすぎたり，圧力を低くしすぎないようにする。またわずかなごみや，風の影響によっても，ゆがみや裂けが生じやすいので塗料フィルターの定期的な点検，外部からの風を受けないようなカバーなどの配慮が必要である。

(3) 特殊な用途

カーテンフローコーターは，平板の塗装として鋼板などは最適であるが，長所を生かすため改良され，色替えを簡単にできるようポンプ，ヘッドセットを複数用意した装置や，コンベアに段差を設けて小物でも塗装できるようにした装置，あるいは入口側のコンベアに傾斜をつけて先端部（周辺部）がそり上がった皿状の被塗装物も塗装できる装置など，工夫をした特殊形のフローコーターもある。これらの装置は，大量生産工場で用いられるもので，専用に造られて使われているものが多い。

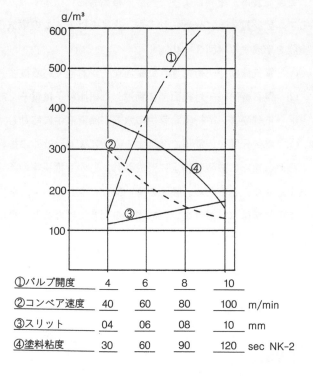

図3－42 カーテンフローコーターの膜厚変化

1.8 ローラーコーター

ローラーコーターは，塗料をローラーに移し，そのローラーから被塗装物へ供給しながら順次に塗装する方法で，ローラーはけを機械化させた装置，あるいは印刷機と似たような仕組みの装置としてローラー塗装機（ローラーコーターまたはロールコーター）がある（図3－43）。

ローラーを用いるため被塗装物は平板状のものが最適で，特にコイル状に巻かれた長尺物には最も適する。また裏面の塗装も可能であるほか，特殊なものとしては模様塗装，線材，管材などの塗装にも使用される。

(1) 種　類

塗料の供給方法によって，ナチュラル形とリバース形とに分けられる。

ナチュラル形は，ローラーに供給された塗料を被塗装物へ押しつけるように回転させる方法でリ

バース形は，ローラーと被塗装物との間に塗料を直接供給して被塗装物を塗装していく方法である。ナチュラル形の場合，被塗装物の表面にローラーを転がす方法であるため，厚膜の塗装や高粘度の塗料が難かしく，ローラー目が出る欠点があるが，逆に模様塗装ができる利点がある。

リバース形の場合，被塗装物の移動と逆にローラーが回転するため，ローラーはすきまをもって被塗装物の表面に順次塗料を供給する働きをしており，塗料は高粘度でも対応でき，厚膜塗装も容易である。また塗装の仕上がりもリバース形の方が平滑で良好な塗面が得られる。

(2) 調　整

塗装時の調整は，このような装置を用いる場合，量産塗装となるので，あらかじめ塗装テストによって条件を決めるのが普通である。したがって，その条件を維持することが安定した塗装品質を得るうえで大切となる。

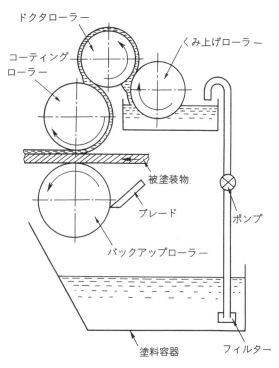

図3－43　ローラー塗装機の概要

塗膜厚さの調整は，塗料の調整とは別に次の要素がある。

① ローラー間のすきま（または押付ける力）
② ローラーと被塗装物とのすきま（または押付け力）
③ ローラーの回転速度
④ 被塗装物の送り速度

すなわち塗料の供給量と被塗装物の移動速度によるわけであるが，それぞれのバランスが悪いと塗装の仕上がり，安定性に影響を及ぼすので，違った条件で確認しておくことも必要である。

1.9　その他の塗装方法

(1) へ　ら

へらは，塗装のうちでもパテを下地付けしたり，裏地面にしごき塗りをする場合に使用される塗装用具でもあり，また少量の塗料を調合，調整したり，はけやローラーのしごきに使われる道具でもある。塗るために使われるのは，いずれにしても素面の調整用であって，粘度の高い塗材をこすりつけるように，平均にならしながら塗るものである。このため手の一部となるように使いこな

すことが良い仕上げをするうえで重要で，形や大きさ，腰の強弱など，経験をつんで使いやすいものを自分で作り出すものとされている。

用途に応じて，金属製，木製，プラスチック製，ゴム製などの材質を使い，形もさまざまであるが，刃先が平らで，腰の強さ（しなり）が塗材に合っていることが大切である。

一般的には，へらを操作するときの角度が仕上がりに大きく影響するが，その角度は，小さくすると厚く塗れるが塗面はあれやすく，逆に大きくすると，塗布量が少なくなり，塗面は美しく仕上がる。いずれにしても慣れることによって身につけることが必要である。

(2) たんぽ塗り

塗装法としては工芸的な方法で，小さな品物にたんねんに塗り込み，つやを出す時に使われる。方法としては，木綿の布に綿をつつんで作ったたんぽ（図3－44）を用い，溶剤で希釈した塗料を含ませ，塗面をこすりながら塗りつけていく。動かし方は，直線状に往復させたり，円を描くようにするが，初めのうちは濃く，円を描きながら平均に塗り広げ，仕上げに近づくほど溶剤を多く含んだものを使い直線的に全体をすっていく（図3－45）。これにより塗面にあったはけ目などが溶かされてなくなり，表面が平滑性を増し，つやのある塗面が得られる。

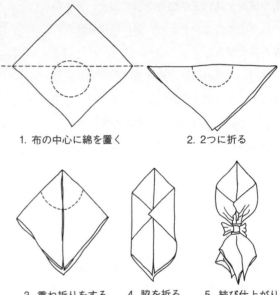

図3－44 たんぽのつくり方

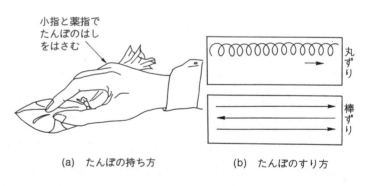

図3－45 たんぽずりの方法

(3) 特殊スプレー塗装

塗装面は，平滑でつやのある塗面がすべて美しいということでなく，見方によってはおうとつ（凹凸）面や不規則な輝きなど，種々の美観要素があって，いろいろな美しさをつくりだしている。特殊塗装といっても，ここであげる塗装は，塗料にその特殊性があり，塗装法としてはスプレー塗装が最も多く用いられているものである。したがって塗料の特殊性を最大限に引き出すための塗装

条件として，どのようなことに気を配ればよいかをあげている。

① メタリック塗装

塗料中にアルミニウム等の金属粉が含まれている塗料で塗装すると，塗膜の中で微細な無数の輝きを発し，独特の美観を生ずる。主として自動車やオートバイ，金属製品の高級塗装として用いられている。

この塗装で大切なことは，金属粉が平均的に散らばり，その反射光があざやかでなければならない。塗面に付着した塗料が厚すぎて塗膜中を移動すると，部分的に金属粉が集まり，大きな模様，むらを生じて美観を損ねる。したがって，まず塗料をできるだけ微粒化し，均一な塗装をする。そして塗着した状態で金属粉の移動がなく塗着状態を維持するよう薄く，かつ塗着時の塗料粘度が高くなるように塗装する。すなわち，塗料吐出量に対し使用空気量が多く微粒化の良いエアスプレーガンで，均一で幅広い有効パターン幅をもつスプレーガンを使用するのが望ましく，塗料は低めの粘度で微粒化を良くし，吹付け距離は若干離し気味にして塗装するとよい。

最終的にはクリヤを多く混ぜた着色クリヤか，クリヤを塗装して仕上げる。

② パール塗装

名のように真珠の光沢を有する塗装法で，顔料としてパール雲母粉（別名パールマイカ）を含んだ塗料を塗装することによって，独特のパール効果を出す。

透明性の高い酸化チタン形を下地塗装との組み合せで塗装しても，また雲母の表面に酸化チタンをコーティングし，酸化鉄を被覆した酸化鉄形を直接塗装しても共にパール効果が得られる。

これらの塗装は微粒化の良いエアスプレーで吹き付けて，その効果を発揮するが，顔料は沈殿しやすく，分散が不均一になるとむらが

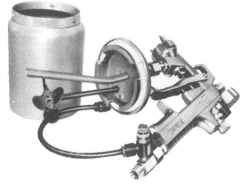

図3－46　パールガン

目立ち，塗装品質を低下させることになるため塗料を常時かくはん(撹拌)しながら塗装作業を行うことが望ましい。

スプレーガンに付属させる塗料容器に，エアモーターで回転する羽根を設け，微粒化と吹付けパターンがパール塗装に適するように作られたパール塗装用スプレーガンもあり，手軽にできるようになっている（図3－46）。

③ ハンマートーン

金属をハンマーでたたいたような模様を生じることから名がついた塗装で，これもメタリックに近いものである。塗料は，金属粉とシリコーン系添加剤が配合されており，塗膜下層に沈んだ金属

粉，色彩顔料等が複雑に混合しあって立体的な模様を出す。

塗装は下地の影響をあまり受けないので直接塗装してもよい。注意することは塗膜厚を平均にすることで，塗着してから流動化が平均に生ずるように塗ることが大切で，厚すぎても模様がくずれ，薄すぎると流動化が行われず模様が出なかったりするので，ある程度熟練を要する。

④ ちりめん塗装

塗膜の乾燥工程で，塗膜にしわが現れる塗料を用いた塗装で，立体的な独特の模様が特徴となっている。塗装法としては塗膜の厚さが平均になるように注意し，生ずるしわの大きさが同じようになるよう塗ることが美しい塗装の条件である。

一般に膜厚が厚ければ大きいしわに，薄ければ小さいしわが生ずる。乾燥はセッティングをせずに乾燥炉に入れてよいが，温度は150℃ぐらいまでで，あまり高すぎるとちぢみ模様が出ないことがあるので注意する。

⑤ クラッキング塗装

クラッキング（ひび割れ）塗料を用いた塗装法で，この塗料は，ステアリン酸アルミニウムが多量に含まれた塗料で，乾燥過程中にひび割れが生じてくるものである。塗膜としては不良であるが，ひび割れを特殊模様として見たものであり，このため下地塗装と上塗りのクリヤ塗装を併用して塗面を仕上げる。

下地塗装は，ひび割れによって見えてくるので，色の配合については考えて選ぶ必要があるが，塗装は通常のスプレー塗装でよい。クラッキング塗料は膜厚を均一にすることが平均的なひび割れを得ることになる。一般には膜厚が厚いと大きな割れとなる。上塗りのクリヤラッカー塗装は，ひび割れが埋まるように塗装し，研ぎを行って平滑とした時，最終のクリア塗装を行うことにより仕上げる。

1.10 塗装室

塗装室の機能は，スプレー塗装によって生ずる塗料ミスト，有機溶剤などの有害物質を作業者の周囲から除去することを第一にあげることができる。さらに排除した有害物質を大気に排出しないよう，これを捕そく（捉）することが必要で，塗料ミストを捕そく（捉）する仕組みによって，各種の塗装室がある。

このほかスプレー塗装に対して大切な機能として，塗料ミストが被塗装物へ再付着するのを防止する機能がある。これらの機能を果たすため作業者や被塗装物の周囲に飛散する塗料ミストを吸引し，吸引した塗料ミストを

表3-8 制御風速
局所排気装置は下表どおりの制御風速を出し得ること（有機則16条）

型　式		制御風速（m/秒）
囲い式フード		0.4
外付け式フード	側方吸引型	0.5
	下方吸引型	0.5
	上方吸引型	1.0

捕集装置によって取り除くようにした装置を備えたのが塗装室である。

(1) 塗装室の種類

塗装室の種類は，前述のミスト捕そくの仕組みのほか，風の流れる方向や，室の形状，給気の方式によっても分類され，これらの組合わせで，被塗装物やいろいろな塗装条件に適した塗装室が形成される。

塗料ミストの捕そくは，水または油等の液体を使用して取り除く湿式と，フィルターやプレート状のものを使用して，これに付着させて取り除く乾式とに分類される。一般的には，湿式の方が，より多くの塗料ミストを取り除くことができ，液体に取り込まれた塗料は分離され，塗料かすとして取り除かれることになる。これに対し，乾式は，フィルター等を使用するため空気とともに通りぬけてしまう塗料ミストもあり，捕集効率が湿式より低い。したがってスプレー塗装の量が，それほど多くない場合に使用されることが多い。また火災に対する安全性の面からも湿式の方が高く，量産塗装工場の多くは，湿式が採用されている。

風の流れる方向は，横に流れるものと上下に流れるものがあり，小さな被塗装物を主体としたはん用の塗装室は，横に流れる塗装室が，自動車などの大きな被塗装物は上下に流れる塗装室が多く

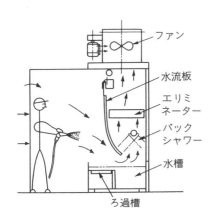

図3－47 水洗式ブース

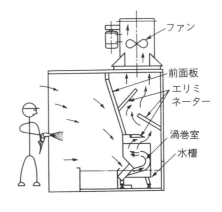

図3－48 渦流式ブース

使用される。風の流れる速さは，有機溶剤中毒予防規則の局所排気装置として決められており，塗装室の形状により表3－8のように決められている。

図3－47，図3－48は，それぞれ湿式のブースを略図で示しているが，水洗式はブース前面の水流板に流れる水と，内部のシャワー室によってミストを捕集する構造で，渦流式はポンプを使用せず排気ファンの吸引力で水槽内の水を巻き上げ，渦巻室でミストと水を接触させて捕集する構造になっている。

この他塗装室は，塗料ミストを空気とともに吸引排除するため，新たに周囲より空気が送りこまれるわけで，もし周囲にほこりやごみがあると，それが塗面に付着して塗面を汚すことになる。こ

のためフィルターを通した新鮮な空気を強制的に送り込んで，常に高品質の塗装を行えるように強制給気の方式がとられる。この方式の場合は，温風を送り込むことによって，塗料の乾燥を促進させることも可能で，とくに，水系塗料の塗装などに効果を上げることができる。

(2) 塗装室の選定

ろ過方式と風向き性を決定するときの要因をまとめると表3－8，表3－9のようになる。

表3－8　　　　　　　塗装ブースろ過方式の決定要因

決定要因		作　業　条　件	ミストろ過方式		
			渦流式	シャワー式	乾式
塗　料	種　　　類	酸化重合型（油性，フタル酸，合成塗料） 揮発乾燥型（ラッカー系） 焼付け型（メラミン） 二液型（ポリエステル，エポキシウレタン）	○ ○ ○ ○	○ ○ ○ ○	△ △ △ △
	使　用　量	0～30ℓ／日 30ℓ以上	○ ○	○ △	△ ×
公害防止	大　気　汚　染 水　質　汚　濁 騒　　　音	排出ミストの捕集率の高さ 臭気の除去 河川汚染の防止 近隣への騒音の高さ	○ × ○ △	△ × × ○	× × ○ ○
保守管理	ひん（頻）度 難　易　度	使用可能時間の長さ 手間のかかり具合	○ ○	△ ×	× ○
費　用	設　備　費 ランニングコスト	購入費 消耗品費用	× ○	△ ○	○ ×
安　全　性		火災事故の予防性	○	○	×
設置場所	床　の　強　度	2階以上の設置	△	△	○

注）　○適，△やや適，×不適

表3－9　　　　　　　塗装ブース風向き性の決定要因

決定要因	作　業　条　件	風向き性	
		横	縦
被塗装物形状	塗装面が小さい場合(部品，小物品等) 塗装面が立面の場合(平板，タンス等) 塗装面が平面の場合(平板) 塗装面の反転が不可能(建設機械，工作機械等)	○ △ ○ ×	○ ○ △ ○
作業動作	スプレー方向が一定化できない(自動車等)	×	○
設置場所	ピットの施工が不可（2階以上等） 据付け面積の広さ	○ ○	× ×
費　用	設備費（購入費）	○	×

注）　○適，△やや不適，×不適

(3) 日常の管理

　塗装室の機能を維持するためには，日常の管理が重要であるが，とくに水を使用する湿式の塗装室では，塗料かすを含んだ水の処理が重要となる。塗装室は，塗料ミストを吸引して捕そくするのが役目である以上，塗料によって汚れるのは当然であると考えなければならない。

　乾式であるフィルター式の塗装室は，フィルターに塗料を付着させるため，捕集効率の良いものほど，フィルターは塗料で汚れ，交換することが多くなる。塗料で汚れたフィルターを使用していると，吸込み力が弱くなり吸引気流も遅くなって，初期の目的である作業者の周囲から有機溶剤を排出するための風速が得られなくなることもある。したがって定期的に吸引気流の速度をみて，フィルターの交換や掃除等をしなければならない。

　乾式のフィルターそのものは使い捨てのものであるが，全面に洗い落しが可能なプレフィルターを設けることで，フィルターの使用時間を延ばし，ランニングコストを低下する方法も考えられている。

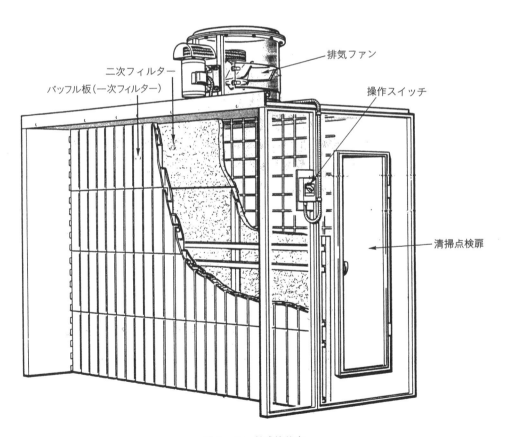

図3－49　乾式塗装室

第2節　各種塗料に応じた塗装法

2.1　基本的条件

金属塗装の基本的条件は，塗料を物体に塗装することによって，品質性能を向上させることである。よい塗料であっても塗装作業が不適当であると，その性能を十分に生かすことができない。満足な結果を得るためには以下に述べる基本的条件を守ることが大切である。

① 塗料の性質をよく調べ，使用方法を誤らないこと（特に希釈剤を間違えないこと）。
② 素地調整を入念に時間をかけて行い，調整された面には素手でさわらないこと（指紋がつくとさびやふくれを生ずる）。
③ 塗料の性状に適した塗装用具を使用し，いつでも使用できるように整備をしておくこと。
④ 塗料は十分にかきまぜ，均質にしてから使用すること。
⑤ 塗料を一度に厚く塗り込まないこと（乾燥不良，縮みなどを生じる恐れがある）。
⑥ 塗膜の乾燥は十分に行ってから塗り重ねること（指で強くおさえ，こすっても塗膜が動かなくなるまで乾かしてから塗り重ねる）。
⑦ 塗装作業場の環境は明るく，しかも平均した明るさであること。
⑧ 塗装環境として，低温，多湿をさけること。JIS K 5400

塗料一般試験方法の，試験の一般条件では，試験の場所の条件は次のとおりである。

　a．標準状態　　標準状態の試験場所とは，温度20±1℃，相対湿度（以下，"湿度"という。）65±5％で直射日光を受けず，試験に影響を与えるガス，蒸気，ほこりなどがなく，通風が少ない室内をいう。ただし，容積は，塗面100cm²について20 l 以上とする。

　b．一般状態　　一般状態の試験場所とは，常温（5～35℃）で直射日光を受けず，試験に影響を与えるガス，蒸気，ほこりなどが少ない室内をいう。

　c．吹付け塗りの場所　　吹付け塗りの場所とは，温度20±5℃，湿度78％以下の場所[1]をいい，試験を行うたびにそれらの記録を取り，以後の試験の参考にする。

注）1）約0.7m/sの風速で排気しているスプレーブースの中で塗るのが望ましい。

2.2　金属塗装における塗装法

(1) 素地の種類

① 鉄　　鋼

一般構造用圧延鋼材，溶接構造用圧延鋼材，溶接構造用耐候性熱間圧延鋼材で日本工業規格に適合する種類と状態のものとし，ステンレス鋼を除く。

② 亜鉛めっき鋼

溶融亜鉛めっきおよび電気亜鉛めっきを施した鋼材で日本工業規格に適合する種類と状態のものとする。

③ アルミニウムおよびアルミニウム合金（以下，アルミニウムという。）

陽極酸化皮膜処理などの表面処理を施していないもので，日本工業規格に適合する種類と状態のものとする。

(2) 素地調整

素地調整の種別は，素地の種類および工法に応じて表3－10に示すとおりとし，その選定は特記または塗り工程中の指定による。

表3－10　　　　　　　　　　素地調整の種別

素地の種類	素地調整の種別		工法
鉄面	1種	A	化成皮膜処理をする場合
		B	ブラストをする場合
	2種		動力工具を主体とし手工具を併用したさび落としをする場合
	3種		清掃と脱脂（黒皮鋼板を含む）
亜鉛めっき面	1種	A	化成皮膜処理をする場合
		B	エッチングプライマーを塗る場合
	2種		清掃と脱脂をする場合
アルミニウム面	－	A	化成皮膜処理をする場合
		B	エッチングプライマーを塗る場合

(3) 材料

素地調整に用いる材料は，表3－11に示す規格に適合する材料とする。

表3－11　　　　　　　素地調整に用いる材料

材料	規格	備考
エッチングプライマー	JIS K 5633　1種	亜鉛めっき面に適用する。

(4) 工程

素地調整の工程は素地の種類により表3－12，表3－13，表3－14のとおりとする。

表3－12　　　　　　　　　鉄面の素地調整の工程

工程	種別			放置時間
	1種A（化成皮膜処理）	1種B（ブラスト）	2種（動・手ケレン）	
汚れ，付着物除去	汚れ，付着物をスクレーパー，ワイヤーブラシなどで除去			－
油類除去	アルカリ性脱脂剤で，加熱処理後湯洗い，または溶剤洗浄	溶剤ぶき	溶剤ぶき	－

(表3-12つづき)

工程	種別			放置時間
	1種A(化成皮膜処理)	1種B(ブラスト)	2種(動・手ケレン)	
さび落とし	酸洗いによりさび,黒皮を除去	ブラストによりさび,黒皮を除去	ディスクサンダー,ワイヤーホイルなどの動力工具を主体とし,スクレーパー,ワイヤーブラシ,研磨布などの手工具を併用してさび落とし	ただちに次の工程に移る。
化成皮膜処理	りん酸塩化成皮膜処理後,水洗い乾燥	—	—	ただちに次の工程に移る。

表3-13　　　　　　　　　　　　亜鉛めっき面の素地調整の工程

工程	種別			放置時間
	1種A(化成皮膜処理)	1種B(エッチングプライマー塗り)	2種(脱脂)	
汚れ,付着物除去	汚れ,付着物をワイヤーブラシ,研磨布などで除去			—
油類除去	弱アルカリ性脱脂剤で加熱処理後湯洗い,または溶剤洗浄	溶剤ぶき	溶剤ぶき	—
化成皮膜処理	りん酸塩化成皮膜処理またはクロム酸塩化成皮膜処理後,水洗い乾燥	—	—	ただちに次の工程に移る。
エッチングプライマー塗り	—	エッチングプライマー(JIS K 5633 1種)のはけ塗り,またはスプレー塗り(塗布量0.05kg/m²)	—	2h以上8h以内

表3-14　　　　　　　　　　　　アルミニウム面の素地調整の工程

工程	種別			放置時間
	化成皮膜処理	エッチングプライマー	脱脂	
汚れ,付着物除去	汚れ,付着物をスチールウール,布などで除去			—
油類除去	弱アルカリ性脱脂剤で加熱処理後湯洗い,または溶剤洗浄	溶剤ぶき	溶剤ぶき	—
化成皮膜処理	クロム酸塩化成皮膜処理後,または酸化皮膜処理後,水洗い乾燥	—	—	ただちに次の工程に移る。
エッチングプライマー塗り	—	エッチングプライマー(JIS K 5633 1種)のはけ塗り,またはスプレー塗り(塗布量0.05kg/m²)	—	2h以上8h以内

(5) 工　法

① 鉄面の素地調整

a) 素地調整は，一般に加工場において部材の組立て前に行う。

b) 溶接のスパッタ，溶接溶断のスラグ，鍛造，リベット継ぎなどの箇所に付着した不純物は，動力工具その他のスクレーパー，ワイヤーブラシなどで十分除去する。

c) 種別1種Aの油類除去において，多量の油類は清浄なウエスなどでふき取り，アルカリ性脱脂剤の水溶液につけて50～70℃に加熱処理した後，水洗いや湯洗いをしてアルカリ分を除去するか，または溶剤洗浄を行う。

d) 種別1種Bおよび2種の油類除去において，多量の油類は清浄なウエスなどでふき取り，塗料用シンナー，ラッカーシンナーなどの溶剤で入念にふき取る。

e) さび落としを酸洗いで行う場合は，酸性除せい剤で黒皮やさびを除去した後，入念に水洗いで中性とした後，りん酸塩化成皮膜処理を行う。

f) ブラストは，サンドブラスト，ショットブラストまたはグリットブラストなどとし，黒皮やさびを除去する。さび落としの程度は，SIS Sa2½あるいはSSPC SP 10を標準とする。また，表面粗さは50～80μmを標準とする。

g) 種別2種のさび落としは，固着した黒皮は残し浮いた黒皮とさびを除去する。さび落としの程度は，SIS St3あるいはSSPC SP 3を標準とする。

h) さび落とし後，ごみ，ほこりはエアブロー，ほうきなどで十分除去する。

i) りん酸塩化成皮膜処理の方法および面の状態は，次に行う塗装工程に適したものとする。

② 亜鉛めっき面の素地調整

a) ごみなどの汚れはふき取り，白さびなどはワイヤーブラシ，研磨布（#80～100）などで除去し清掃する。

b) 種別1種Aの油類除去は，①鉄面の素地調整c)による。

c) 種別1種Bおよび2種の油類除去は，①鉄面の素地調整d)による。

d) りん酸塩またはクロム酸塩化成皮膜処理の方法および面の状態は，次に行う塗装工程に適したものとする。

e) エッチングプライマーは主剤と添加剤の2液よりなるもので，主剤は十分かくはんして均一にした後主剤をかき混ぜながら添加剤を徐々に加える。この混合した塗料は製造業者の指定した可使時間内に使用しなければならない。エッチングプライマーは湿度が80%以上の高湿度では塗装してはならない。

f) エッチングプライマーは2時間以上，8時間以内に次の工程（下塗り塗装）を施さなければならない。

③ アルミニウム面の素地調整

a) 汚れ，付着物の除去は面にきずをつけないように行う。

b) 油類除去は，①鉄面の素地調整 c) による。

c) 化成皮膜処理はクロム酸塩化成皮膜処理や酸化皮膜処理などにより行う。

d) クロム酸塩化成処理や酸化皮膜処理の方法および面の状態は，次の塗装工程に適したものとする。

2.3 油性調合ペイント塗り

油性調合ペイントは，乾性油と顔料を練り合わせた塗料で乾燥機構が酸化重合形であるため，乾燥が遅く，金属塗装分野では，限られた用途に使われる。主なものとして，木造建築物の内・外部には，根強い需要がある。

(1) 用　途

建築物内，外部用

(2) 品　質

油性調合ペイントは，ボイル油を展色剤として顔料を混和したものである。

(3) 塗装方法

はけ塗り，ローラーブラシ塗りが適している。

(4) 塗装工程

① 材　料

油性調合ペイント塗りに用いる材料は，表3－15に示す。

表3－15　　　　　　　　油性調合ペイント塗りに用いる材料

種類	材料名	規格	適用素地 鉄面	適用素地 亜鉛めっき面
下塗り用塗料	一般用さび止めペイント	JIS K 5621　1種	○	－
下塗り用塗料	鉛丹さび止めペイント	JIS K 5622　1種・2種	○	－
下塗り用塗料	亜酸化鉛さび止めペイント	JIS K 5623　1種・2種	○	－
下塗り用塗料	塩基性クロム酸鉛さび止めペイント	JIS K 5624　1種・2種	○	－
下塗り用塗料	シアナミド鉛さび止めペイント	JIS K 5625　1種・2種	○	－
下塗り用塗料	ジンククロメートさび止めペイント	JIS K 5627　A・B	－	○
下塗り用塗料	鉛丹ジンククロメートさび止めペイント	JIS K 5628	○	○
下塗り用塗料	鉛酸カルシウムさび止めペイント	JIS K 5629	－	○
パテ	オイルパテ	JIS K 5592	○	○

(表3-15つづき)

種類	材料名	規格	適用素地 鉄面	適用素地 亜鉛めっき面
中塗り,上塗り	油性調合ペイント		○	○
うすめ液	ボイル油	JIS K 5421	○	○

② 塗装仕様

油性調合ペイント塗りの塗装種別と塗り回数は表3-16により,塗装仕様は表3-17に示す。

表3-16　　油性調合ペイント塗りの塗装種別

塗装種別	塗り回数				
	下塗り	パテかい	中塗り（1回目）	中塗り（2回目）	上塗り
A種	1	1	1	1	1
B種	1	1	1	—	1

表3-17　　油性調合ペイント塗りの塗装仕様

工程	塗装種別 A種	塗装種別 B種	塗料,その他	希釈割合（重量比）	標準膜厚（μm）	塗付け量（kg/m²）	放置時間
1.素地調整	●	●	表3-10の1種A,1種Bまたは2種による。				
2.下塗り 1回目	●	●	一般用さび止めペイント1種	100	35	0.09	48h以上 6m以内
			鉛用さび止めペイント1種		35	0.17	48h以上 6m以内
			亜酸化鉛さび止めペイント1種		35	0.10	48h以上 6m以内
			塩基性クロム酸鉛さび止めペイント1種		35	0.12	48h以上 6m以内
			シアナミド鉛さび止めペイント1種		35	0.11	48h以上 6m以内
			鉛用ジンクロメートさび止めペイント		30	0.13	48h以上 6m以内
			塗料用シンナー	0～5	—	—	—

(表3-17つづき)

工程	塗装種別 A種	塗装種別 B種	塗料, その他	希釈割合（重量比）	標準膜厚（μm）	塗付け量（kg/m²）	放置時間
3. 下塗り 2回目	●	●	下塗り1回目に同じ				
4. パテかい	○	○	オイルパテ	—	—	—	24h以上
5. 研　磨	○	○	研磨紙#180				
6. 中塗り 1回目	●	●	油性調合ペイント	100		0.09	48h以上
			ボイル油 塗料用シンナー 液状ドライヤー	0〜5 0〜5 0〜2	—	—	
7. 中塗り 2回目	●		油性調合ペイント	100		0.09	48h以上
			ボイル油 塗料用シンナー 液状ドライヤー	0〜10 0〜5 0〜2	—	—	
8. 研　磨	●	●	研磨紙#280				
9. 上塗り	●	●	中塗り1回目と同じ			0.09	96h以上

(注)●印は「実施する塗装工程作業」○「省略する場合のある塗装工程」…以下の表において同様

2.4　合成樹脂調合ペイント塗り

　合成樹脂調合ペイントは，建築物および鉄鋼構造物の建具，設備類などのペイント塗装の際の中塗り，または上塗り工程になる。自然乾燥性の塗料で，有彩色顔料，無機顔料，体質顔料などを，主に長油性フタル酸樹脂ワニスで練り合わせて作った液状のもので，塗膜の耐候性がすぐれていることから屋外鉄構造物に多く使用されている。

(1)　種類と用途

①　合成樹脂調合ペイント1種，主に建築物および鉄鋼構造物類の中塗りおよび上塗りとして，下塗り塗膜の上に数日以内に塗り重ねる場合に用いる。

②　合成樹脂調合ペイント2種中塗り用，主に大形鉄鋼構造物の中塗りに用いる。

③　合成樹脂調合ペイント2種上塗り用，主に大形鉄鋼構造物の上塗りに用いる。

(2)　品　質

JIS K 5516合成樹脂調合ペイントの品質による。

(3)　塗装方法

はけ塗り，ローラーブラシ塗り，エアレススプレー塗りが適している。

(4)　塗装工程

①　材　料

合成樹脂調合ペイント塗りに用いる材料は，表3－18に示す4種類で，それぞれの材料ごとの塗装仕様による。

表3－18　合成樹脂調合ペイント塗りに用いる材料の規格および適用素地

種類	材料名	規格	適用素地 鉄面	適用素地 亜鉛めっき面
下塗り用塗料	一般用さび止めペイント	JIS K 5621　1種	○	－
	鉛丹さび止めペイント	JIS K 5622　1種・2種	○	－
	亜酸化鉛さび止めペイント	JIS K 5623　1種・2種	○	－
	塩基性クロム酸鉛さび止めペイント	JIS K 5624　1種・2種	○	－
	シアナミド鉛さび止めペイント	JIS K 5625　1種・2種	○	－
	ジンククロメートさび止めペイント	JIS K 5627　A・B	－	○
	鉛丹ジンククロメートさび止めペイント	JIS K 5628	○	－
	鉛酸カルシウムさび止めペイント	JIS K 5629	－	○
パテ	オイルパテ	JIS K 5592	○	○
中塗り用塗料	合成樹脂調合ペイント	JIS K 5516　1種・2種 中塗り用	○	○
上塗り用塗料	合成樹脂調合ペイント	JIS K 5516　1種・2種 上塗り用	○	○
シンナー	塗料用シンナー	－	○	○

② 塗装仕様

合成樹脂調合ペイント塗りの塗装種別と塗り回数は表3－19に示し，塗装仕様は表3－20による。

表3－19　合成樹脂調合ペイント塗りの塗装種別

素地の種類	塗装種別	塗り回数 下塗り	パテかい	中塗り	上塗り
鉄面	A種	2	(1)	1	2
	B種	2	(1)	1	1
亜鉛めっき面	A種	2	(1)	1	1
	B種	1	(1)	1	1

注）（　）印は必要に応じて実施する塗装工程。

表3-20　　　　　　　　　　鉄面，合成樹脂調合ペイント塗りの工程

工程		塗装種別 A種	塗装種別 B種	塗料，その他		希釈割合 (重量比)		標準膜厚 (μm)	塗付け量 (kg/m²)	放置時間
1	素地調整	●	●	(鉄面用)表3-12の1種A，1種Bまたは2種による。(亜鉛めっき面)表3-13の1種Aまたは1種Bによる。						
2	鉄面下塗り1回目	●	●	一般用さび止めペイント	1種	100		35	0.09	48h以上6m以内
				鉛丹さび止めペイント	1種			35	0.17	48h以上6m以内
					2種			30	0.17	24h以上6m以内
				亜酸化鉛さび止めペイント	1種			35	0.10	48h以上6m以内
					2種			30	0.12	24h以上6m以内
				塩基性クロム酸鉛さび止めペイント	1種			35	0.12	48h以上6m以内
					2種			30	0.10	24h以上6m以内
				シアナミド鉛さび止めペイント	1種			35	0.10	48h以上6m以内
					2種			30	0.10	24h以上6m以内
				鉛丹ジンククロメートさび止めペイント	-			30	0.13	24h以上6m以内
				シンナー		はけ塗り	0〜5	-	-	-
						吹付け塗り	5〜10			
	亜鉛めっき面下塗り1回目	●	●	ジンククロメートさび止めペイント	A	100		25	0.12	24h以上
					B			25	0.10	24h以上3m以内
				鉛酸カルシウムさび止めペイント				30	0.10	24h以上6m以内
				シンナー		はけ塗り	0〜5	-	-	-
						吹付け塗り	5〜10			
3	下塗り2回目	●	●	下塗り1回目に同じ，ただし鉄面は2種を用いてもよい。						
4	パテかい	○	○	オイルパテ		-		-	-	24h以上
5	研磨	○	○	研磨紙#180						
6	中塗り	●	●	合成樹脂調合ペイント1種または2種中塗り用		100		25	0.08	2h以上1m以内
				シンナー		はけ塗り	0〜10	-	-	
						吹付け塗り	5〜15			
7	研磨	○	○	研磨紙#320						
8	上塗り1回目	●	●	合成樹脂調合ペイント1種または2種上塗り用		100		25	0.08	24h以上1m以内
				シンナー		はけ塗り	0〜10	-	-	
						吹付け塗り	5〜13			
9	研磨	○	-	研磨紙#320						
10	上塗り2回目	●	-	上塗り1回目に同じ						72h以上

注）1．標準膜厚の単位（μm）はマイクロメートルで10^{-6}m（1968年国際度量衡会議決定）
　　2．パテかい：パテかいは，木べら，金べらなどを用いて平滑になるように付ける。パテは1度に厚付けせずに薄く数度に分けて付け，各回ごとに規定の放置時間をとる。

2.5 アルミニウムペイント塗り

アルミニウムペイントは，熱線の反射，水分の透過防止などの目的で，主として屋外の銀色塗装に用いる酸化乾燥性の塗料で，塗料用アルミニウム粉またはアルミニウムペーストと油性のワニスとを，あらかじめ混合したもの，または別々の容器に分けて一対として，使用の際に混合するようにしたものもある。

(1) 種類と用途

① アルミニウムペイント1種：塗膜の正反射率が大きいもので，反射によって熱線の吸収を防ぎ，内部の温度の上昇を少なくしたい面の仕上げ塗りに適する。

② アルミニウムペイント2種：1種と3種との中間の品質で塗膜は，ある程度の鏡面反射率と拡散反射率とをもつものである。

③ アルミニウムペイント3種：塗膜の拡散反射率が大きく，いろいろの角度から銀白色に見えるのが特徴である。

(2) 品　質

JIS K 5492アルミニウムペイントの品質による。

(3) 塗装方法

はけ塗り，ローラーブラシ塗り，エアスプレー塗り，エアレススプレー塗りが適している。

(4) 塗装工程

① 材　料

アルミニウムペイント塗りに用いる材料は，表3-21に示す2種類である。

表3-21　アルミニウムペイント塗りに用いる材料，規格および適用素地

種　類	材　料　名	規　格	適用素地 鉄面	適用素地 亜鉛めっき面
下塗り用塗料	一般用さび止めペイント	JIS K 5621　1種	○	-
	鉛丹さび止めペイント	JIS K 5622　1種・2種	○	-
	亜酸化鉛さび止めペイント	JIS K 5623　1種・2種	○	-
	塩基性クロム酸鉛さび止めペイント	JIS K 5624　1種・2種	○	-
	シアナミド鉛さび止めペイント	JIS K 5625　1種・2種	○	-
	ジンククロメートさび止めペイント	JIS K 5627　A・B	-	○
	鉛丹ジンククロメートさび止めペイント	JIS K 5628	○	-
	鉛酸カルシウムさび止めペイント	JIS K 5629	-	○

(表3-21つづき)

種類	材料名	規格	適用素地 鉄面	適用素地 亜鉛めっき面
上塗り用塗料	アルミニウムペイント	JIS K 5492 1種	○	○
シンナー	塗料用シンナー		○	○

② 塗装仕様

アルミニウムペイント塗りの塗装種別と塗り回数を表3-22に，塗装仕様は表3-23に示す。

表3-22 アルミニウムペイント塗りの塗装種別

素地の種類	塗装種別	塗り回数 下塗り	塗り回数 上塗り
鉄面	A種，B種の区分なし	2	2
亜鉛めっき	A種，B種の区分なし	1	2

表3-23 鉄面，アルミニウムペイント塗りの工程

工程			塗料，その他		希釈割合(重量比)	標準膜厚(μm)	塗付け量(kg/m²)	放置時間
1	素地調整	●	(鉄面用)表3-12の1種A，1種Bまたは2種による。(亜鉛めっき面)表3-13の1種Aまたは1種Bによる。					
2	鉄面用下塗り1回目	●	一般用さび止めペイント	1種	100	35	0.09	48h以上6m以内
			鉛丹さび止めペイント	1種		35	0.17	48h以上6m以内
				2種		30	0.14	24h以上6m以内
			亜酸化鉛さび止めペイント	1種		35	0.10	48h以上6m以内
				2種		30	0.12	24h以上6m以内
			塩基性クロム酸鉛さび止めペイント	1種		35	0.10	48h以上6m以内
				2種		30	0.10	24h以上6m以内
			シアナミド鉛さび止めペイント	1種		35	0.10	48h以上6m以内
				2種		30	0.10	24h以上6m以内
			鉛丹ジンククロメートさび止めペイント			30	0.13	24h以上6m以内
			シンナー		はけ塗り 0～5	—	—	—
					吹付け塗り 0～10			

(表3-23つづき)

工程			塗料，その他	希釈割合（重量比）		標準膜厚（μm）	塗付け量（kg/m²）	放置時間
2	亜鉛めっき面用下塗り	●	ジンククロメートさび止めペイント A	100		25	0.12	24h以上3m以内
			ジンククロメートさび止めペイント B			25	0.10	
			鉛酸カルシウムさび止めペイント			30	0.10	24h以上6m以内
			シンナー	はけ塗り	0〜5	—	—	—
				吹付け塗り	0〜10			
3	鉄面用下塗り2回目	●	下塗り1回目に同じ，ただし2種を用いてもよい。					
4	上塗り1回目	●	アルミニウムペイント	100		15	0.05	—
			シンナー	はけ塗り	0〜5	15	0.05	24h以内1m以内
				吹付け塗り	0〜10			
5	上塗り2回目	●	上塗り1回目に同じ					(72h以上)

注） アルミニウムペイントのシンナーは，所定の専用シンナーを用いる．
塗料の調合およびアルミニウムペイントは使用時に十分にかき混ぜ，均一に分散させてから使用する．

2.6 フタル酸樹脂エナメル塗り

フタル酸樹脂エナメルは，有色，不透明の塗装に適する液状・酸化乾燥性の塗料で，乾性油変性フタル酸樹脂を主な塗膜形成要素とし，自然乾燥で塗膜を形成するようにしたもので，塗膜は耐候性がすぐれている．用途も，一般機械，大形機械などの塗装に用いられる．

(1) 種類と用途

フタル酸樹脂エナメル1種は，一般用，2種は，大形車両，産業機械，農機具など屋外機器用塗りに適する．

(2) 品　質

JIS K 5572フタル酸樹脂エナメルの品質による．

(3) 塗装方法

はけ塗り，エアスプレー塗り，エアレススプレー塗り，静電塗装．

(4) 塗装工程

① 材　料

フタル酸樹脂エナメル塗りに用いる材料は，表3-24に示す4類種である．

表3-24　　　　　　　　　　フタル酸樹脂エナメル塗りに用いる材料

種類	材料名	規格	適用素地		
			鉄面	亜鉛めっき面	アルミニウム面（非金属面含む）
下塗り用塗料	鉛丹さび止めペイント	JIS K 5622 2種	○	-	
	亜酸化鉛さび止めペイント	JIS K 5623 2種	○	-	
	塩基性クロム酸鉛さび止めペイント	JIS K 5624 2種	○	-	
	シアナミド鉛さび止めペイント	JIS K 5625 2種	○	-	
	ジンククロメートさび止めペイント	JIS K 5627 A・B	○	○	
	鉛丹ジンククロメートさび止めペイント	JIS K 5628	○	-	
	鉛酸カルシウムさび止めペイント	JIS K 5629	-	○	
	オイルプライマー	JIS K 5592	○		
	エッチングプライマー	JIS K 5633		○	○
パテ	オイルパテ	JIS K 5692	○	○	
	カシュー樹脂パテ	JIS K 5647	○	○	
中塗り用塗料	オイルサーフェーサー	JIS K 5593	○	○	
上塗り用塗料	フタル酸樹脂エナメル	JIS K 5572 1種	○	○	○
シンナー	ミネラルスピリット　8 キシレン　　　　　2	-	○	○	○

② 塗装仕様

フタル酸樹脂エナメル塗りの塗装種別は素地の種類，塗り回数を表3-25に示し，塗装仕様は表3-26による。

表3-25　　　　　　　　　　フタル酸樹脂エナメル塗装種類

素地の種類	塗装種別	塗り回数				
		下塗り	パテかい	パテ付け	中塗り	上塗り
鉄　面*	A 種	2	1	1	1	2
	B 種	1～2	～1	-	-1	1～2
亜鉛めっき面	A 種	2	1	1	1	2
	B 種	1～2	～1	-	-1	1～2
アルミニウム面	A 種	1				1～2

＊黒皮鋼板を含む。

表3-26　　　　　　　　　　　鉄面のフタル酸樹脂エナメル塗りの工程

工程		塗装種別 A種	塗装種別 B種	塗料，その他	希釈割合 (重量比)		標準膜厚 (μm)	塗付け量 (kg/m²)	放置時間
1	素地調整	●	●	(鉄面用)表3-12の1種A，または2種による。(亜鉛めっき面)表3-13の1種Aまたは1種Bによる。(アルミニウム面)表3-14による。					
2	鉄面用下塗り1回目	●	●	鉛丹さび止めペイント2種	100		30	0.14	24h以上6m以内
				亜酸化鉛さび止めペイント2種			30	0.12	
				塩基性クロム酸鉛さび止めペイント2種			30	0.10	
				シアナミド鉛さび止めペイント2種			30	0.10	
				ジンククロメートさび止めペイント A			25	0.12	24h以上3m以内
				ジンククロメートさび止めペイント B			25	0.10	
				鉛丹ジンククロメートさび止めペイント			30	0.13	24h以上6m以内
				シンナー	はけ塗り	0～10	—	—	—
					吹付け塗り	5～15			
	亜鉛めっき面用下塗り	●	●	ジンクロメート A	100		25	0.12	24h以上3m以内
				ジンクロメート B			25	0.10	
				鉛酸カルシウムさび止めペイント			30	0.10	24h以上6m以内
				シンナー	はけ塗り	0～10	—	—	—
					吹付け塗り	5～10			
	アルミニウム面用下塗り			エッチングプライマー	—		7～10	0.05	2h以上8h以内
				シンナー	—		—	—	
3	下塗り2回目	●	●	下塗り1回目に同じ					
4	パテかい	●	●	オイルパテまたはカシュー樹脂パテ	—		—	—	24h以上
5	研磨	●	●	研磨紙#180					—
6	パテ付け	●	—	オイルパテまたはカシュー樹脂パテ	—		—	—	24h以上
7	研磨	●	—	耐水研磨紙#240					24h以上

(表3-26つづき)

工程		塗装種別		塗料, その他	希釈割合 (重量比)		標準膜厚 (μm)	塗付け量 (kg/m²)	放置時間
		A種	B種						
8	中塗り	●	—	オイルサーフェーサー	100		35	0.14	24h以上
				シンナー	はけ塗り	5～15	35	0.14	24h以上
					吹付け塗り	15～25			
9	研 磨	●	—	耐水研磨紙#320					4h以上
10	上塗り 1回目	●	●	フタル酸樹脂エナメル	100		20	0.08	24h以上7d以内
				シンナー	はけ塗り	5～15	20	0.08	24h以上7d以内
					吹付け塗り	15～25			
11	研 磨	○	—	耐水研磨紙#400					4h以上
12	上塗り 2回目	●	●	上塗り1回目に同じ					(48h以上)

注) パテかいまたはパテ付け後は, 研磨紙#240で仕上げる。なお, 素地が露出しないよう注意する。パテかい, パテ付けは木べら, 金べらなどを用いて平滑になるように付ける。パテは一度に厚付けせずに, 薄く数度に分けて付け, 各回ごとに規定の放置時間をとる。

2.7 ラッカーエナメル塗り

　ラッカーエナメルは, 不透明で, それぞれ液状・揮発乾燥性の塗料で, 工業用ニトロセルロースとアルキド樹脂とを主な塗膜形成要素とし, 自然乾燥で短時間に塗膜を形成する。したがって乾燥が速く, 常温で乾燥し, 色彩も美しいものが得られ, 耐水性・耐油性にすぐれている。しかし塗膜の肉付きが悪いので数回に分けて塗装しなければならない。また美しい仕上がり塗膜を得るには, みがき仕上げを行う。耐屈曲性, 耐摩耗性, 耐黄変性, 光沢保持性に難点がある。

(1) 用　途
　自動車, 家具, がん具, 機械類などの金属製品の塗装に広く使用されている。

(2) 品　質
　JIS K 5531, ニトロセルロースラッカーの品質による。

(3) 塗装方法
　エアスプレー塗りが適している (はけ塗りは, 乾燥が早いので, 高沸点溶剤を使う)。特に低温時 (5℃以下), 多湿時 (85%以上) には, 白化現象を生じやすく, 強風, 降雨の予想されるときは塗装を避ける。
　一度に厚塗りすると, たれや, 発泡することがある。

(4) 塗装工程
　① 材　料

ラッカーエナメル塗りに用いる材料は，表3-27に示す。

表3-27　　ラッカーエナメル塗りに用いる材料および規格

種　類	材　料	規　格	適用素地
下塗り用塗料	オイルプライマー	JIS K 5591	鉄　面
	ラッカープライマー	JIS K 5535	
パ　テ	オイルパテ	JIS K 5592	
	ラッカーパテ	JIS K 5535	
中塗り用塗料	オイルサーフェーサー	JIS K 5593	
	ラッカーサーフェーサー	JIS K 5535	
上塗り用塗料	ラッカーエナメル	JIS K 5531	
シンナー	ラッカーシンナー	JIS K 5538	
	塗料用シンナー （オイルプライマー 　オイルサーフェーサー用）	―	
	リターダー （白化現象防止用）	JIS K 5539	

② 塗装仕様

ラッカーエナメル塗りの塗装種別と塗り回数は表3-28に示し，塗装仕様は表3-29による。

表3-28　　ラッカーエナメル塗りの塗装種別

素地の種類	塗装種別	塗　り　回　数					
		下塗り	パテかい	パテ付け	中塗り	上塗り	仕上塗り
鉄　面	A　種	2	(1)	(1)	2	2	1
	B　種	1	(1)	―	1	1	1

注）（　）内の工程は必要に応じて行う。

表3-29　　ラッカーエナメル塗りの工程

		塗装種別		塗料，その他	希釈割合 (重量比)	標準膜厚 (μm)	塗付け量 (kg/m²)	放置時間
		A種	B種					
1	素地調整	●	●	表3-12の1種A，または2種による。				
2	下塗り 1回目	●	●	オイルプライマー	100	30	0.11	16h以上
				シンナー	25〜35			
				ラッカープライマー	100	25	0.15	1h以上
				シンナー				

(表3-29つづき)

工程		塗装種別 A種	塗装種別 B種	塗料，その他	希釈割合（重量比）	標準膜厚（μm）	塗付け量（kg/m²）	放置時間
3	下塗り2回目	●	−	下塗り1回目に同じ				
4	パテかい	○	○	オイルパテ		−	−	16 h 以上
				シンナー	(0～3)			
				ラッカーパテ		−	−	2 h 以上
				シンナー	(0～10)			
5	研 磨	○	○	研磨紙#180				
6	パテ付け	○	−	オイルパテ		−	−	16 h 以上
				シンナー	(0～3)			
				ラッカーパテ		−	−	2 h 以上
				シンナー	(0～3)			
7	研 磨	○	−	研磨紙#180				
8	中塗り1回目	●	●	オイルサーフェーサー	100	30	0.11	16 h 以上
				シンナー	20～25			
				ラッカーサーフェーサー	100	25	0.17	0.5 h 以上
				シンナー				
9	中塗り2回目	●	−	中塗り1回目に同じ				
10	研 磨	●	●	耐水研磨紙#400				4 h 以上
11	上塗り1回目	●	●	ラッカーエナメル	100	15	0.14	1 h 以上
				シンナー	80～100			
12	研 磨	○	●	耐水研磨紙#400				4 h 以上
13	上塗り2回目	●	−	上塗り1回目に同じ				
14	研 磨	●	−	耐水研磨紙#400				4 h 以上
15	仕上げ塗	●	●	上塗り1回目に同じ				1 h 以上
16	研 磨	●	−	耐水研磨紙#600				−
17	磨き仕上げ	●	−	ポリッシングコンパウンド				(24 h 以上)

注) パテかいは一度に厚付けせず薄く数度に分けて付け，各回ごとに規定の放置時間をとる。
　　パテかいまたはパテ付け後は研磨紙#120程度でといだ後#180で仕上げる。なお素地が露出しないよう注意する。
　　工程11の上塗り1回目の放置時間は，次工程で水とぎを行わない場合には2時間以上とする。
　　上塗り塗装時で湿度が高く塗り面が白化するおそれがあるときは，シンナーの20%以内をリターダーシンナーで置き換える。

2.8 アクリル樹脂エナメル塗り

アクリル樹脂は，アクリル酸またはメタクリル酸の誘導体を重合した樹脂である。

無色透明で光沢，耐久性がよく，塗料用として，エマルション形，ラッカー形，焼付け形などに変性して使用する。アクリル樹脂エナメルは，揮発乾燥性の塗料で，熱可塑性アクリル樹脂を主な塗膜形要素にするものと，熱重合乾燥性の熱硬化性アクリル樹脂を主な塗膜形要素にするものとがある。いずれも，塗膜の美しさと，耐候性がすぐれた塗膜を形成するのが特徴である。

(1) 用　　途

自動車，産業機械，金属家具，事務機器など，金属製品の塗装に広く使用されている。

(2) 品　　質

アクリル樹脂エナメルには，図3－50に示すものがある。

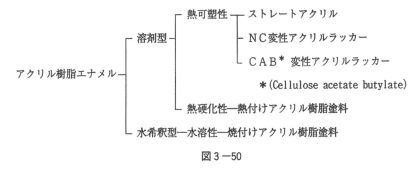

図3－50

(3) 塗装方法

エアスプレー塗り，静電塗装，浸漬塗りなどが適している。

(4) 塗装工程

① 材　　料

アクリル樹脂エナメル塗りに用いる材料は表3－30に示す。

表3－30　　アクリル樹脂エナメル塗りに用いる材料，適用素地

種類	材料名	適用素地		
		鉄面	亜鉛めっき面	アルミニウム面
下塗り用塗料	アクリル樹脂プライマー	○	○	○
	電着塗料（アニオン形，カチオン形）	○	－	○

(表3-30つづき)

種類	材料名	適用素地		
		鉄面	亜鉛めっき面	アルミニウム面
下塗り用塗料	2液形エポキシ樹脂プライマー	○	○	○
パテ	不飽和ポリエステルパテ	○	○	○
中塗り用塗料	アクリル樹脂エナメル中塗	○	○	○
上塗り用塗料	アクリル樹脂エナメル上塗	○	○	○
シンナー	アクリル用シンナー	○	○	○

② 塗装仕様

アクリル樹脂エナメル塗りの塗装種別と，塗り回数を表3-31に示す。
また，塗装仕様は表3-32による。

表3-31　アクリル樹脂エナメル塗り塗装種別

素地の種類	塗装種別	塗り回数			
		下塗り	パテかい	中塗り	上塗り
鉄面	A種	1	(1)	1	1
	B種	—	(1)		1
亜鉛めっき アルミニウム面	A種,B種 の区分なし	1	(1)	1	1
		(1)		—	

注）（　）内は必要に応じて行う塗装工程

表3-32　アクリル樹脂エナメル塗りの工程

工程		塗装種別		塗料，その他	希釈割合（重量比）	標準膜厚（μm）	塗付け量（kg/m²）	放置時間
		A種	B種					
1	素地調整	●	●	鉄面	表3-12の1種Aまたは1種Bによる。			
				亜鉛めっき面	表3-13の1種Aまたは1種Bによる。			
				アルミニウム面	表3-14の化成皮膜処理による。			
2	下塗り 1回目	●	○	電着塗料	—	20	—	150〜180℃×30分
				アクリル樹脂プライマー	100	30	—	140〜160℃×20分
				2液形エポキシ樹脂プライマー	100			

(表3-32つづき)

工程		塗装種別		塗料，その他	希釈割合（重量比）	標準膜厚（μm）	塗付け量（kg/m²）	放置時間
		A種	B種					
2	下塗り1回目	●	○	シンナー	20～40	―	―	140～160℃×20分
3	パテかい	○	○	不飽和ポリエステル樹脂パテ	100	―	―	1h以上
4	研磨	○	○	研磨紙#320				
5	中塗り	●		アクリル樹脂中塗り	100	20	―	140～160℃×20分
				2液形エポキシ樹脂プライマー	100	20	―	
				シンナー	20～40	―	―	
6	上塗り	●	●	アクリル樹脂エナメル上塗り	100	35	―	160～170℃×20分
				シンナー	20～40	―	―	

2.9 エポキシ樹脂塗料塗り

エポキシ樹脂塗料は，大気環境にある鋼構造物および建築物などの金属部用のポリアミド，アミンアダクトなどの硬化剤による2液形のエポキシ樹脂塗料（以下，エポキシ樹脂塗料という。）である。金属部とは鉄，鋼，ステンレス鋼，アルミニウム，アルミニウム合金などをいう。エポキシ樹脂塗料は，耐水性・耐薬品性はすぐれているが，耐候性はあまりよくない。したがって，屋外金属用では中塗り用までとする。

(1) 用 途

自動車，産業機械など，耐薬品性が必要な金属製品の塗装に使用する。

(2) 品 質

JIS K 5551エポキシ樹脂塗料の品質による。

1種：標準の膜厚が約30μmで，鋼構造物および建築金属部に用いる。
　　　上塗り塗料および下塗り塗料がある。

2種：膜厚が約60～120μmの厚膜形で主に鋼構造物の長期防せい(錆)に用いるもの。上塗り塗料および下塗り塗料がある。

(3) 塗装方法

はけ塗り，エアスプレー塗り，エアレススプレー塗り，ローラーブラシ塗り，静電塗装，浸漬塗りなどが適している。

(4) 塗装工程

① 材 料

エポキシ樹脂塗料塗りに用いる材料は，表3-33に示す。

表3-33　エポキシ樹脂エナメル塗りに用いる材料，規格および適用素地

種類	材料名	規格	適用素地 鉄面	適用素地 亜鉛めっき面	適用素地 アルミニウム面
下塗り（1次プライマー）	ジンクリッチプライマー	JIS K 5553	○	○	○
下塗り用塗料	エポキシ樹脂プライマー	－	○	○	○
パテ	エポキシ樹脂パテ	－	○	○	○
中塗り用塗料	2液形エポキシ樹脂中塗り	－	○	○	○
上塗り用塗料	2液形エポキシ樹脂エナメル	JIS K 5551	○	○	○
シンナー	エポキシ用シンナー	－	○	○	○

② 塗装仕様

エポキシ樹脂塗料塗りの塗装種別と塗り回数は表3-34に示す。塗装仕様は表3-35による。

表3-34　エポキシ樹脂塗料塗りの塗装種別

素地の種類	塗装種別	塗り回数 下塗り	パテかい	中塗り	上塗り
鉄面	A種	3	(1)	1	1
鉄面	B種	2	(1)	1	1
亜鉛めっき アルミニウム面	A種，B種の区分なし	1	(1)	1	1

注）（　）内は必要に応じて行う。

表3-35　エポキシ樹脂塗料塗りの工程

工程		塗装種別 A種	塗装種別 B種	塗料，その他		希釈割合（重量比）	標準膜厚（μm）	塗付け量（kg/m²）	放置時間
1	素地調整	●	●	鉄面	表3-12の1種Aまたは1種Bによる。				
				亜鉛めっき面	表3-13の1種Aまたは1種Bによる。				
				アルミニウム面	表3-14の化成皮膜処理による。				
2	下塗り1回目	●	○	ジンクリッチプライマー		100	15	0.14	24 h以上6 m以内
				エポキシ樹脂プライマー		100	60	0.23	24 h以上7 d以内

(表3-35つづき)

工程		塗装種別		塗料，その他		希釈割合（重量比）	標準膜厚（μm）	塗付け量（kg/m³）	放置時間
		A種	B種						
3	下塗り2回目	●	○	2液形エポキシ樹脂プライマー		100	60	0.23	24h以上7d以内
4	下塗り3回目	●	○	2液形エポキシ樹脂プライマー		100	60	0.23	24h以上7d以内
5				シンナー	はけ塗り	0～10	—	—	
					吹付け塗り	0～20	—	—	
6	パテかい	○	○	不飽和ポリエステル樹脂パテ		100	—	—	1h以上
7	研磨	○	○	研磨紙#320					
8	中塗り	●		2液形エポキシ樹脂中塗り		100	40	0.17	24h以上7d以内
				シンナー	はけ塗り	0～10	—	—	
					吹付け塗り	0～20	—	—	
9	上塗り	●	●	2液形エポキシ樹脂上塗り		100	40	0.17	24h以上7d以内
				シンナー	はけ塗り	0～10	—	—	
					吹付け塗り	0～20	—	—	

注) 2液形の塗料については，主剤，硬化剤の混合割合を正確に守る。ジンクリッチプライマーは一般に多液形である。

2.10 ポリウレタン樹脂塗料塗り

ポリウレタン樹脂塗料は，一般にポリイソシアネート樹脂とポリオール樹脂とからなる2液形塗料である。

ポリオール樹脂としては，ポリエステルポリオール樹脂，あるいはアクリルポリオール樹脂が使用される。

ポリウレタン樹脂は，耐摩耗性および機械的性質にすぐれていることで耐候性・屋外用塗料として使用できる。ポリウレタン樹脂の最大の難点は，人体に対する毒性の問題があるということである。

(1) 用途

自動車，産業機械，電気機器，アルミサッシなどあらゆる金属製品に広く使われている。

(2) 品質

ポリウレタン樹脂には，図3-51に示すものがある。

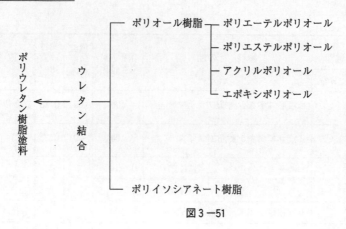

図3-51

(3) 塗装方法

エアスプレー塗り，エアレススプレー塗り，静電塗装などが適している。

(4) 塗装工程

① 材料

ポリウレタン樹脂塗料塗りに用いる材料を表3-36に示す。

表3-36　2液形ポリウレタンエナメル塗りに用いる材料・規格および適用素地

種類	材料名	規格	適用素地		
			鉄面	亜鉛めっき面	アルミニウム面
下塗り用塗料	2液形エポキシ樹脂プライマー	-	○	○	○
	ポリウレタン樹脂プライマー	-	○	○	○
パテ	不飽和ポリエステル樹脂パテ	-	○	○	○
中塗り用塗料	2液形ポリウレタンエナメル中塗り	-	○	○	○
上塗り用塗料	2液形ポリウレタンエナメル上塗り	-	○	○	○

② 塗装仕様

ポリウレタン樹脂塗料塗りの塗装種別と塗り回数を表3-37に示す。塗装仕様は表3-38による。

表3-37　2液形ポリウレタン塗料塗りの塗装種別

素地の種類	塗装種別	塗り回数			
		下塗り	パテかい	中塗り	上塗り
鉄面	A種	2	(1)	1	1
	B種	1	(1)	1	1
亜鉛めっきアルミニウム面	A種，B種の区分なし	1	(1)	1	1

注)（ ）内は必要に応じて行う塗装回数。

表3-38　　　　　　　　　　ポリウレタン樹脂塗料塗りの工程

工程		塗装種別 A種	塗装種別 B種	塗料，その他	希釈割合（重量比）	標準膜厚（μm）	塗付け量（kg/m²）	放置時間
1	素地調整	●	●	鉄面	表3-12の1種Aまたは1種Bによる。			
				亜鉛めっき面	表3-13の1種Aまたは1種Bによる。			
				アルミニウム面	表3-14の化成皮膜処理による。			
2	下塗り 1回目	●	○	エポキシ樹脂プライマー	100	30	—	24h以上7d以内
				ポリウレタン樹脂プライマー	100	30	—	24h以上7d以内 強制乾燥 80℃×40分
	下塗り 2回目	●		ポリウレタン樹脂プライマー	100	30	—	
3				シンナー	20〜40	—	—	
4	パテかい	○	○	不飽和ポリエステル樹脂パテ	100	—	—	1h以上
5	研磨	○	○	研磨紙#320				
6	中塗り	●		ポリウレタン樹脂中塗りエナメル	100	30	—	24h以上7d以内 強制乾燥 80℃×40分
				シンナー	20〜40	—	—	
7	上塗り	●	●	ポリウレタン樹脂上塗りエナメル	100	25	—	24h以上7d以内 強制乾燥 80℃×40分
				シンナー	20〜40	—	—	

注）2液形塗料は，主剤，硬化剤の調合割合を正確に守る。

2.11　さび止め塗料（電着塗料）塗り

ここでは，さび止め塗料の塗装法として電着塗装について述べる。

電着塗装は，導電性のある水溶性塗料をタンクに，被塗装物を浸し，これに直流電流を通して，塗料を電気的に被塗装物に塗着させた後，焼付けによって，硬化乾燥させる塗装方法である。一般に電着塗装は，ELECTRO-COATING, ELECTRO-DEPOSITION COATING等と称され一般的にＥＤと呼ばれている。

(1) 用　　途

自動車ボディーおよび部品，農機具，電気機器，産業機械・機器，鋼製家具など。

(2) 品　　質

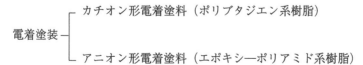

(3) 塗装方法

電着塗装方法について，図3-52に示す。なお電着タンクの拡大図を図3-53に示す。

94 「選択」金属塗装法

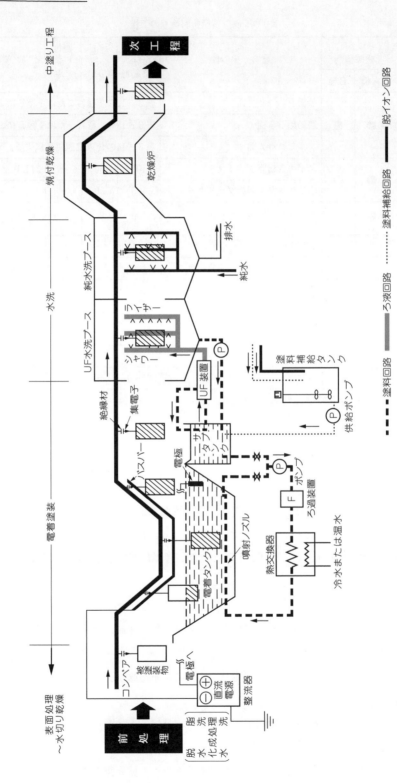

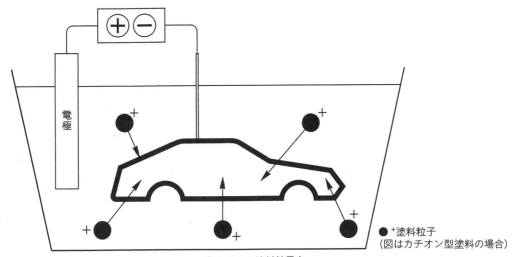

被塗装物を⊖に帯電させ，⊕イオンの塗料粒子を
電気の⊕⊖が引き合う力で定着させるシステムである。

図3-53　電着タンク拡大図

(4) 塗装工程

電着塗料塗りに用いる材料は，表3-39に示し，塗装種別を表3-40に示す。

① 材　料

電着塗料塗りに用いる材料は表3-39に示す7種類で，それぞれの材料ごとに定められている規格に適合する材料とする。

表3-39　電着塗料塗りに用いる材料，規格および適用素地

種　類	材　料　名	規　格	適　用　素　地	
			鉄面	アルマイト面
カチオン形 （1回塗り）	低温形エポキシ樹脂塗料		○	-
	中温形変成エポキシ樹脂塗料			
	高温形エポキシ樹脂塗料			
アニオン形 （1回塗り）	アクリル樹脂塗料		-	○
	アクリル樹脂クリヤ			
	アクリル樹脂ホワイト			
	アクリル樹脂つや消し			

注）　電着塗料は，工場塗装とし，塗装条件を厳守する。
　　　カチオン形は，主にりん酸塩化成処理の面に1回塗りとする。
　　　無処理鋼板および亜鉛めっき鋼板に塗装する場合は，仕上がり状態，品質面を考慮する。
　　　アニオン形は，アルミニウムの陽極酸化面に1回塗りとする。

② 塗装仕様

電着塗料塗りの塗装種別は，素地調整後1回塗り工程である。

表3－40 電着塗料塗りの塗装種別

素地の種類	塗装種別	塗り回数 上塗り
鉄　　面 アルマイト面	A種，B種	1

2.12 アミノアルキド樹脂エナメル塗り

アミノアルキド樹脂エナメルは，加熱乾燥性の塗料で，アルキル化アミノ樹脂とアルキド樹脂とを塗膜成形要素とし，塗り付けた後加熱して，両樹脂の共縮合体を主成分とする塗膜を形成するようにしたものである。塗膜は，強固で耐候性がすぐれているのが特徴である。

(1) 種類と用途

1種は，自動車，オートバイ，自転車，屋外照明機器などの塗装に用いる。
2種は，家庭用機器，事務用機器，鋼製家具，室内照明機器などの屋内機器の塗装に用いる。
3種は，電気洗たく機，空調機器，食品自動販売器など耐湿性機器の塗装に用いる。

(2) 品　質

JIS K 5652アミノアルキド樹脂エナメルの品質による。

(3) 塗装方法

エアスプレー塗り，静電装塗，浸漬塗りが適している。

(4) 塗装工程

① 材　料

アミノアルキド樹脂エナメル塗りに用いる材料は，表3－41に示す4種類で，それぞれの材料ごとに定められている規格に適合する材料とする。

表3－41　アミノアルキド樹脂エナメル塗りに用いる材料，規格および適用素地

種　類	材　料　名	規　格	適　用　素　地		
			鉄面	亜鉛めっき面	アルミニウム面
下塗り用塗料	低中温形メラミン樹脂系プライマー	－	○	○	○
	低中温形エポキシ樹脂系プライマー	－	○	○	○
	エポキシ樹脂系電着塗料	－	○	－	－
上塗り用塗料	アミノアルキド樹脂エナメル	JIS K 5652	○	○	○

② 塗装仕様

アミノアルキド樹脂エナメル塗りの塗装種別と塗り回数を表3-42におよび塗装仕様を表3-43に示す。

表3-42 アミノアルキド樹脂エナメル塗りの塗装種別

素地の種類	塗装種別	塗り回数	
		下塗り	上塗り
鉄　　　　　面	A 種	1	1
亜鉛めっき面			
アルミニウム面	B 種	1	1

表3-43　鉄面，アミノアルキド樹脂エナメル塗りの工程

工程		塗装種別		塗料，その他	希釈割合(重量比)	標準膜厚(μm)	塗付け量(kg/m^2)	放置時間
		A種	B種					
工場塗装	1 素地調整	●	●	表3-12の1種Aまたは，1種Bによる。				
	2 下塗り	●	-	低中温メラミン樹脂プライマー	100	25	-	130℃×20分
				シンナー（吹付け塗り）	20〜30			
		●	-	低中温エポキシ樹脂プライマー	100	20	-	同　上
				シンナー（吹付け塗り）	40〜50			
				エポキシ樹脂系電着塗料	-	20	-	170〜180℃×20分
				-	-			
	3 上塗り	●	●	アミノアルキド樹脂エナメル	100	30	-	130℃×20分
				シンナー（吹付け塗り）	15〜30			

注）　アミノアルキド樹脂エナメル塗りは，工場塗装を原則とする。
　　　塗装種別A種は，素地調整後，下塗り〜上塗り工程と上塗り1〜2工程が主である。

第3節　被塗装物の種類および用途に応じた塗装法

　金属へのよい塗装効果を望むなら，被塗装物の材質や使われる環境などにより，適切な塗装計画を立てることが大切である。被塗装物に要求される塗膜性能を効果的に発揮させるためには，①適切な塗料の選択（良い材料），②適切な塗装工程の組合わせ（良い設計），③十分な塗装作業管理（良い作業）に留意しなければならない。特に塗装工程の組合わせ（塗装系という。）は生産性や塗装コストに大きな影響を与えるため重要なポイントである。しかし，安価な塗装系にも適切と否があり，必ずしも高性能，高価格の塗装系が常によいとは限らない。むしろ高価な塗料を使用しながら不適切な塗装系のために，その性能を十分に発揮できない事例の方が多い。

　図3-54に金属塗装の基本工程を示す。最近では，素材に各種の亜鉛めっき処理鋼板を使ったり，塗料をウエットオンウエットで重ねたり，粉体塗料を活用したりして，塗装工程の削減を積極的に取り入れる傾向にある。

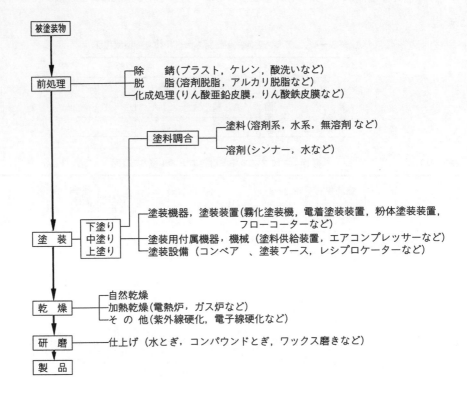

図3−54　金属塗装の基本工程〔メインテナンス, Aug, 1989 (12) より〕

3.1　自動車の塗装工程

　自動車の外部塗装の目的は，車体を構成する金属材料に耐食性と耐候性を与えるとともに，調和のとれた色彩と塗り肌の感触性を与えることにある。

　消費者の多様化，個別化のニーズが高まる中，求められる塗膜品質もより高品位となり，塗料や塗装機器，設備などの技術開発・改良が数多く行われている。高級車には見る角度によって色調が変化するパール塗装（5.3　パール塗装参照）の採用が増え，耐久性の向上とメンテナンスフリーを目的にトップコートにふっ素樹脂系塗料を用いているものも現れた。表3−44に主な塗装車種の塗装系を示す。

　自動車塗装には工場ラインで作られる新車の塗装工程（図3−55）と修理による塗り替えを行う塗装の方法がある（自動車の補修塗装の詳細については，第6節「塗り替え塗装」で解説する。）。

　最近では，ボディーパネルも多くの自動車部品と同様に樹脂化されたものもあるため塗装工程には注意を要する。

第3章 金属塗装の方法 99

表3-44 主な塗装車種の塗装系

名　　称	2コート	3コート (ソリッドカラー)	3コート (メタリックカラー)	4コート (メタリックカラー)
主な塗装 車　種	軽自動車 トラック	大　衆　車 中　級　車	大　衆　車 中　級　車	高級乗用車
備　　考	軽自動車でもメタリック仕様の場合は3コート仕上げである。	ソリッドカラー仕上げでも高級車仕様として4コート塗装もある。	—	—
塗装系図	上塗り／プライマー／表面処理／鋼板	上塗り／中塗り／プライマー／表面処理／鋼板	クリヤ／メタリックベースまたはパールマイカベース／中塗り／プライマー／表面処理／鋼板	クリヤ／メタリックベースまたはパールマイカベース／第2中塗り／第1中塗り／プライマー／表面処理／鋼板

("最新表面処理技術総覧"より)

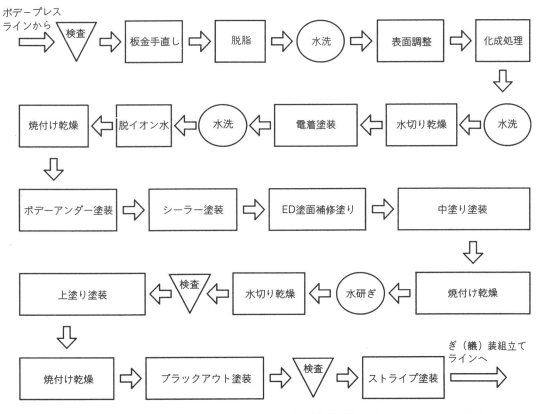

図3-55 新車の塗装工程〔メインテナンス, Aug, 1989より〕

3.2 車両の塗装工程

車両には客車，電車，貨車など種類が多く，車両部位や素材の種類によって塗料や塗装工程が異なる。塗装仕様についてはＪＲ規格と各私鉄規格があり，走行環境や使用目的，美観の要求度合いなどにより塗装工程が詳細に定められている。

ボディー外板は 1.6～3.5mmの鋼板が多く使われているが，小さなうねりや局部的なおうとつ（凹凸）があり，平たん化のためのパテ工程は欠かすことができない。

上塗りに使用される塗料は一般的にはフタル酸樹脂塗料だが，新幹線電車には自然乾燥形のアクリル樹脂系塗料が用いられている。

被塗装物が大きいため，塗装機器はエアレススプレーや静電塗装などを用い高塗着効率化を図っ

表3-45　車両外板部の塗装工程例（JR新幹線）

工程		使用材料
1	素地ごしらえ	サンドブラスト
2	下塗り	ポリウレタン樹脂プライマーまたはエポキシ樹脂プライマー
3	下塗り2回目	同上
4	拾いパテ付け	不飽和ポリエステル樹脂パテ
5	からとぎ	研磨紙　#150～180
6	下地パテ付け	不飽和ポリエステル樹脂パテ
7	〃　2回目	〃
8	〃　3回目	〃
9	と石水とぎ	
10	拾いパテ付け	フタル酸樹脂パテまたはポリウレタン樹脂パテ
11	といし水とぎ	
12	中塗り	ポリウレタン樹脂サーフェーサー
13	水とぎ	研磨紙　#220～240
14	中塗り2回目	アクリル樹脂系シーラー
15	水とぎ	研磨紙　#400以上
16	上塗り	アクリル樹脂エナメル　2回塗り
17	水とぎ	研磨紙　#400以上
18	上塗り2回目	アクリル樹脂エナメル　2回塗り
19	水とぎ	研磨紙　#400以上
20	仕上げ塗り	アクリル樹脂エナメル　2回塗り

ている。低圧霧化方式でスプレーミストの飛散が少ないＨＶＬＰ（High Volume Low Pressure）ガンなどの活用も増えてきている。

表3－45に車両外板塗装工程の例（ＪＲ新幹線）を示す。

3.3　電気機器の塗装工程

電気機器には，家庭用電気製品をはじめ，重電機器，産業用電気機器などが含まれ，大量生産方式から少量多品種生産までであり，要求される塗膜性能も多岐にわたる。使用される環境も空気調和設備の整った室内から厳しい環境の屋外にいたるまであるため，使用する塗料や塗装工程，塗装方法から目的に合ったものを選択していかなければならない。

（1）　家庭用電化機器

家庭用電化製品では，個人顧客を対象とする量産製品であるから，高度な生産性や経済性を十分満たすものでなければならない。

最近では，原板にあらかじめ塗装を施したさまざまな種類のプレコート鋼板（ＰＣＭ鋼板）が作られるようになり，折り曲げや穴あけなどの２次加工で塗装製品を生産する方式も増えてきている（表3－46）。

表3－46　プレコート鋼板の主な仕様

工　　程		材　料　ま　た　は　加　工　法
素　　材		鋼　板：切板，コイル
め　っ　き		電気亜鉛めっき，合金化亜鉛めっき，薄目付溶融亜鉛めっき
化成処理	処　理　剤	りん酸鉄，りん酸亜鉛，りん酸亜鉛ニッケル複合，反応型無機クロム酸，塗布型有機クロム酸
	処　理　法	浸漬，スプレー，ロールコート（塗布型）
コーティング	材　　料	塗　料：アクリル，ポリエステル，塩ビ，シリコーン，ふっ素など フィルム：塩ビ
	加　工　法	塗　　装：ロールコート，カーテンフローコート，粉体静電塗装 ラミネート：フィルム接着
乾　　燥		熱風，遠赤外線，電子線，紫外線
装　　飾		印刷，エンボス

［日本塗装技術協会編"塗装技術ハンドブック"（日刊工業新聞社）より］

①　冷蔵庫

冷蔵庫には清潔感を維持するため，耐汚染性や耐薬品性が要求されるほか，長寿命製品という点から耐食性，耐湿性などの高度な耐久性能も求められている。代表的な塗装仕様と工程を表3－47に示すが，下塗りにエポキシ樹脂系塗料，上塗りに熱硬化性アクリル樹脂系塗料とを組み合わせた溶剤形塗装とポリエステルまたはアクリル樹脂系粉体塗料を使った粉体塗装の工程が一般的である。

表3-47　　　　　　　　　冷蔵庫の塗装工程（例）

工程 \ 仕様例		溶剤型塗装 2コート1ベーク	粉体塗装（A） 1コート1ベーク	粉体塗装（B） 1コート1ベーク
素　材		冷間圧延鋼板		
前　処　理		スプレー方式　りん酸亜鉛処理		
下塗り	塗料 塗装 乾燥	エポキシ樹脂変性 　アクリル樹脂塗料 自動静電　15〜20μm 　―	―	―
上塗り	塗料 塗装 乾燥	アクリル樹脂塗料 自動静電　15〜20μm 150℃、20分 または170℃、15分	ポリエステル樹脂粉体塗料 粉体静電　35〜45μm 190℃、20分	アクリル樹脂粉体塗料 粉体静電　35〜45μm 180℃、20分

（"塗装技術ハンドブック"より）

②　洗たく(濯)機

常時水を使う上に浴室や洗面所などの高湿条件下に置かれることが多いため，耐湿性や耐食性には高い品質が要求される。また，耐洗剤性や耐漂白剤性などの特殊な性能や，屋外に設置されることも考慮し耐候性も重要である。耐食性を向上させるため，素材自身にも亜鉛めっき処理鋼板が用いられることが多い。表3-48に洗たく(濯)機の塗装仕様と工程例を示す。

表3-48　　　　　　　　　洗たく(濯)機の塗装工程（例）

工程 \ 仕様例		溶剤型塗装 1コート1ベーク	溶剤型塗装 2コート2ベーク	粉体塗装 1コート1ベーク
素　材		合金化亜鉛めっき 特殊厚膜クロメート 処理鋼板	合金化亜鉛めっき鋼板	
前　処　理		脱脂	スプレー方式　りん酸亜鉛処理	
下塗り	塗料 塗装 乾燥	―	エポキシ樹脂変性アクリル 樹脂塗料 自動静電　15〜20μm 150℃、20分	―
上塗り	塗料 塗装 乾燥	アクリル樹脂塗料 自動静電　20〜30μm 160℃、20分	アクリル樹脂塗料 自動静電　15〜20μm 160℃、20分	アクリル樹脂粉体塗料 粉体静電　35〜45μm 170℃、20分

（"塗装技術ハンドブック"より）

③　照明器具

照明器具部材に関してはプラスチック化が進んでいるが，鋼製材料についてはアミノアルキド樹脂系塗料（メラミン）が最も多く塗装されている。大量生産品には1コートの電着塗装も行われて

いる。また，塩害などの影響がある環境下で使われるものには，亜鉛めっき鋼板やステンレスなどの高耐食性素材を用いたり，防せい(錆)プライマーや粉体塗料を用いたりした特殊仕様がある。表3－49に照明器具の代表的な塗装仕様例を示す。

表3－49　照明器具の塗装工程（例）

		①	②	③	④	⑤
材	質	冷間圧延鋼板	冷間圧延鋼板	冷間圧延鋼板	冷間圧延鋼板	亜鉛鋼板
工程	前　処　理	りん酸亜鉛 りん酸鉄	りん酸亜鉛 りん酸鉄	りん酸亜鉛 りん酸鉄	りん酸亜鉛 りん酸鉄	りん酸亜鉛
	下　塗　り	―	―	―	アルキドメラミン系プライマー (20～30μm)	エポキシ系プライマー (15～25μm)
	下塗り焼付け	―	―	―	130～150℃×20分	150～160℃×20分
	上　塗　り	アルキドメラミン塗料 (20～30μm)	アクリルメラミン塗料 (20～30μm)	アクリル電着塗料 (20～30μm)	アルキドメラミン塗料 (20～30μm)	アクリルメラミン塗料 (20～30μm)
	上塗り焼付け	130～150℃×20分	150～160℃×20分	170～200℃×20分	130～150℃×20分	150～160℃×20分
塗　装　方　法		静電塗装 エアスプレー	静電塗装 エアスプレー	電着塗装	静電塗装 エアスプレー	静電塗装 エアスプレー

（"塗装技術ハンドブック"より）

(2) 重電機器

　重電機器は比較的小形のモーター類から大形の発電機やトランスに至るまで幅が広く，設置環境も多岐にわたる。さらに，多種の素材や仕上がりグレードがあるため塗料や塗装工程の選定，組合わせには十分な吟味が要求される。特に塗料品種の範囲を制限する。一般に，小形部品では量産ラインによる焼付け塗装が，また大形部品では自然乾燥形塗料を用い手作業による塗装が行われている。被塗装物ごとに，これが標準であるという塗装仕様が決められない現状を踏まえ，ここでは被塗装物の使用環境を大きく次の4つに分けて述べる。なお，これらの塗装工程は各種の機械類などの塗装工程とも共通である。

① 屋内用機器塗装

　屋内の設置環境は防食条件としては厳しくないが，ある程度の美観と塗り替えなしで長期間発せい(錆)のないことが要求される。小形のものではアミノアルキド樹脂系塗料（メラミン樹脂系塗料）が用いられ，大形ではアルキド樹脂系塗料が用いられることが多い。表3－50に屋内用機器の塗装工程例を示す。

② 屋外用機器塗装

　防せい，防食を目的として塗装されるもので，下塗りとして防せい力のあるジンククロメートプライマーや鉛丹などの鉛顔料入りのさび止めプライマーが用いられる。上塗りは大形のものではアル

表3-50　　　　　　　　　　　　　　屋内用機器の塗装工程

No.	工程	塗料，処理	膜厚 (μm)	乾燥時間	備考
1	前処理	大形：ブラスト処理，りん酸塩化成処理 小形：りん酸塩化成処理	—	—	
2	下塗り	大形：アルキド樹脂系プライマー 小形：メラミン樹脂プライマー	25～30	16h以上 130℃×30分	1～2回塗り
3	パテ付け	大形：オイルパテ 小形：メラミン系パテ	50～150	8h 130℃×20分	
4	研ぎ	耐水研磨紙　#180～240	—	—	
5	中塗り	大形：アルキド樹脂系サーフェーサー 小形：メラミン樹脂系サーフェーサー	30～40	16h以上 130℃×30分	1～2回塗り
6	研ぎ	耐水研磨紙　#240～300	—	—	
7	上塗り	大形：アルキド樹脂系エナメル 小形：メラミン樹脂系エナメル	25～30	16h以上 130℃×30分	1～2回塗り

注) (1) 内部は下塗り1回，上塗り1回の仕様。
　　(2) 油浸部はブラスト処理またはりん酸塩化成処理後，エポキシ樹脂塗料を2回塗り。（"塗装の事典"より）

表3-51　　　　　　　　　　　　　　屋外用機器の塗装工程

No.	工程	塗料，処理	膜厚 (μm)	乾燥時間	備考
1	前処理	大形：ブラスト処理後亜鉛溶射や浸漬亜鉛めっき 小形：りん酸塩化成処理	50以上	—	
2	下塗り	大形：アルキド樹脂系鉛丹プライマー，ジンクリッチプライマーなど 小形：メラミン樹脂系またはエポキシ樹脂系ジンクリッチプライマー，ジンククロメートプライマーなど	30～80	16h以上 140℃×30分	1～2回塗り
3	パテ付け	大形：オイルパテ 小形：メラミン樹脂系パテ，ポリエステルパテなど	50～150	2～8h	
4	研ぎ	耐水研磨紙　#180～220	—	—	
5	中塗り	大形：アルキド樹脂系サーフェーサーなど 小形：メラミン樹脂系サーフェーサーなど	20～30	16h以上 130℃×30分	1～2回塗り
6	研ぎ	耐水研磨紙　#240～300	—	—	
7	上塗り	大形：アルキド樹脂系エナメル 小形：メラミン樹脂系エナメル	20～40	16h以上 130℃×30分	1～2回塗り

注) (1) 油タンク内部などは，エポキシ樹脂塗料を2回塗り。
　　(2) 悪い環境では下塗り2回，上塗り2回の仕上げ。　　　　　　　　　　　　（"塗装の事典"より）

キド樹脂系塗料が，小形のものではアミノアルキド樹脂系塗料（メラミン樹脂系塗料）やアクリルラッカーなどが主に用いられている。鋼板では溶融亜鉛めっきを行い塗装を省略したり，ジンクリッチプライマーのままで仕上げられることもある。

表3−51に屋外用機器の塗装工程例を示す。

③ 耐薬品性機器塗装

化学工場などの特殊環境下で使用される場合，下塗りにエポキシ樹脂系塗料を用い，上塗りにウレタン樹脂系塗料が用いられることが多い。これは，エポキシ樹脂系塗料だけでは，付着性や耐薬品性はすぐれているが，耐候性が悪くチョーキングを起こすためであり，使用環境によってはフェノール樹脂系やアクリル樹脂系の塗料も用いられる。また，耐油性が要求される部分ではエポキシ樹脂系以外にビニル樹脂系塗料が用いられる。

表3−52に耐薬品性機器の塗装工程例を示す。

表3−52　　　　　　　　　　耐薬品性機器の塗装工程

No.	工程	塗料, 処理	膜厚 (μm)	乾燥時間(h)	備考
1	前処理	鋳鉄品はブラスト処理後にりん酸塩化成処理	−	−	
2	下塗り	エポキシ樹脂鉛丹プライマーまたはフェノール樹脂鉛丹プライマー	30〜50	16以上	1〜2回塗り
3	パテ付け	エポキシパテ，ポリエステルパテなど	50〜150	6以上	1〜2回
4	研ぎ	耐水研磨紙　#180〜220	−	−	
5	中塗り	ポリウレタン樹脂サーフェーサー	25〜40	16以上	1〜2回塗り
6	研ぎ	耐水研磨紙　#240〜300	−	−	
7	上塗り	ポリウレタン樹脂エナメルまたはアクリル樹脂エナメル	25〜40	16以上	1〜2回塗り

注）　(1)　塗膜厚は100μm以上とする。
　　　(2)　耐油性の場合は塩化ゴム系や塩化ビニル樹脂塗料を用い，下塗り，中塗り，上塗りとも同系の塗料で仕上げ。

（"塗装の事典"より）

④ 重防食機器塗装

強酸や強アルカリなどの腐食性ガスや塩害などの影響のある過酷な環境で使用される場合や，設置場所などの条件により長期間メンテナンスフリーを要求される場合には，高い耐久性が必要となる。大形の機器では橋りょう（梁）の塗装と同じように亜鉛溶射や溶融亜鉛めっきまたはジンクリッチプライマーの前処理が施される。下塗りや中塗りでは耐アルカリ性のよいエポキシ樹脂系塗料やウレタン樹脂系塗料を用い，上塗りには使用環境によってアクリル樹脂系やウレタン樹脂系またはふっ素樹脂系の塗料などが用いられる。

海水に浸漬されるものではタールエポキシ樹脂系塗料が厚塗りされ，比較的小形のものではエポキシ樹脂系やポリエステル樹脂系の粉体塗装も多用されてきている。いずれの塗装仕様も多層系で

厚塗りなのが特徴といえる。

表3-53に重防食機器の塗装工程例を示す。

表3-53　　　　　　　　　　重防食機器の塗装工程

No.	工程	塗料，処理	膜厚(μm)	乾燥時間(h)	備考
1	前処理	ブラスト処理後に亜鉛溶射，浸漬亜鉛めっき，ジンクリッチプライマーなど	50以上		
2	下塗り	2液性ウォッシュプライマー後，エポキシ樹脂系プライマー	25～40	16以上	1～2回塗り
3	研ぎ	耐水研磨紙　#180～240	-	-	
4	中塗り	ポリウレタン樹脂系サーフェーサー	25～40	16以上	1～2回塗り
5	研ぎ	耐水研磨紙　#240～300	-	-	
6	上塗り	ポリウレタン樹脂系エナメルまたはアクリル樹脂系エナメル	25～40	16以上	1～2回塗り

注）　(1)　全体の膜厚を120μm以上とする。
　　　(2)　小形ではエポキシ樹脂の粉体塗装を下塗りとすることもあり，またポリエステル樹脂やアクリル樹脂の粉体塗装を行い，膜厚を80μm以上とする。
　　　(3)　海水に浸漬する部分はタールエポキシ樹脂塗料を1～2回塗りして100μm以上とする。

（"塗装の事典"より）

3.4　船舶の塗装工程

　船舶の塗装は，きびしい海洋環境の中で，船体各部の防食，防汚，美観を維持するための手段としてたいへん重要な役割を果たしている。近年，船舶の大形化や用途の多様化が進み，経済性の面でも塗膜の性能向上が要求され信頼性の高い高度な塗装技術が開発されてきている。また，海洋の環境汚染を考慮し船底塗料には従来多用されていた有機すず化合物（ＴＢＴＯ：トリブチルすずオキサイド）などを含んだものに代わり，安全性の高いものや有害物質を一切使わない自己研磨形などの塗料に切り換えられてきている。

　船体は多くの区画から構成されており，それぞれの部位により異なった塗膜性能が要求される。塗装前処理としては一次表面処理としてショットブラストおよびサンドブラストが主に用いられ，その後鋼板にはショッププライマーが塗装される。下塗り前の2次表面処理にはサンドブラストを用いたりパワーブラシやディスクサンダーなどを使用する方法がある。2次表面処理は塗装工程中最も時間を要するたいへんな作業だが，その後塗装される塗膜の性能を大きく左右する重要な工程でもある。

　造船工業会で使用される塗料記号を表3-54に，船舶の区画別塗装の主な仕様を表3-55に示す。

表3-54　　　　　　　　　　　　船舶用塗料記号

記号	塗　料　名	記号	塗　料　名
WP	ウォッシュプライマー	A／F(L)	長期防汚塗料
ZP	エポキシジンクプライマー	A／F(SP)	自己研磨型防汚塗料
IZP	無機ジンクプライマー	B／T	水線塗料
OP	油性塗料	T／S	外舷塗料
CR	塩化ゴム塗料	R／P	さび止め塗料
PE	エポキシ塗料	R／P(W)	白さび止め塗料
TE	タールエポキシ塗料	R／P(T)	タンク用さび止め塗料
ME	変性エポキシ塗料	F／P(U)	中塗り塗料
V	ビニル塗料	F／P	上塗り塗料
VT	ビニルタール塗料	F／P(T)	タンク用上塗り塗料
IZ	無機ジンク塗料	D／P	デッキペイント
EZ	エポキシジンク塗料	D／P(NS)	すべり止めデッキペイント
NZ	ノンジンク塗料	H／P	ホールドペイント
U	ポリウレタン塗料	H／R	耐熱塗料
BS	ビチュミナスソリューション	O／R	耐油塗料
TEN	タールエナメル	A／AC	耐酸塗料
EM	ビニルエマルションまたは水性塗料	A／AL	耐アルカリ塗料
A／C	外板さび止め塗料	B／C	バインダーコート
A／F	防汚塗料	S／C	シーラーコート

〔日本造船工業会資料（1983-10)より〕

表3-55　　　　　　　　　　船舶の区画別塗装仕様（例）

区画・部位	適用ショッププライマー	2次表面処理グレード (SPSS)	塗装仕様 1	2	3	4	5	6
船底部	W/P, ZP, IZP	JA・Sh2	CR・A/C・HB	CR・A/C・HB	CR・A/F	CR・A/F	—	—
	ZP, IZP	JA・Sh2	TE・A/C	TE・A/C	VT・A/C	A/F(SP)	A/F(SP)	A/F(SP)
水線部	W/P, ZP, IZP	JA・Sh2	CR・A/C・HB	CR・A/C・HB	CR・B/T	CR・B/T	—	—
	ZP, IZP	JA・Sh2	PE・A/C・HB	PE・A/C・HB	PE・B/T	PE・B/T	—	—
外舷部	W/P, ZP, IZP	JA・Sh2	CR・A/C・HB	CR・A/C・HB	CR・T/S	CR・T/S	—	—
	ZP, IZP	JA・Sh2	PE・A/C・HB	PE・A/C・HB	PE・T/S	PE・T/S	—	—
上部構造外部	W/P, ZP, IZP	JA・Sh2	CR・R/P	CR・R/P	CR・F/P	CR・F/P	—	—
	ZP, IZP	JA・Sh2	PE・R/P	PE・R/P	PE・F/P	U・F/P	—	—
上部構造内部	W/P, NZ	JA・Sh2	OP・R/P	OP・R/P	OP・F/P	—	—	—
	W/P, NZ	JA・Sh2	OP・R/P・HB	OP・F/P	—	—	—	—
暴露甲板	W/P, ZP, IZP	JA・Sh2	CR・R/P	CR・R/P	CR・D/P	—	—	—
	IZP	JA・Sh2	IZ	S/C	CR・D/P	—	—	—
機関部	W/P, NZ	JA・Sh2	OP・R/P	OP・R/P	OP・F/P	—	—	—
	W/P, NZ	JA・Sh2	OP・R/P・HB	OP・F/P	—	—	—	—
タンク内面	ZP, IZP	JA・Sh2	TE・HB	—	—	—	—	—
	ZP, IZP	JA・Sh2	TE・HB	—	—	—	—	—
	ZP, IZP	JA・Sh2	PE・R/P	PE・F/P	—	—	—	—
ホールド	W/P, NZ	JA・Sh2	OP・R/P	OP・R/P	OP・H/P	—	—	—
	W/P, NZ	JA・Sh2	CR・R/P	CR・R/P	CR・H/P	—	—	—

（"塗装技術ハンドブック"より）

3.5 事務器,鋼製家具の塗装工程

オフィス内で使用されている机,いす,ロッカー,キャビネットなどの事務器,家具類は,ОA化の進展に伴い急速に普及してきた。素材も従来の木製から金属化,樹脂化が進み,堅ろう(牢)で品質管理の行きとどいた製品が比較的安価に得られるようになった。事務器,鋼製家具の塗装は,工程が合理化され自動化が積極的に取り入れられている大量生産品と,パテ付けの工程や上塗りに木目やレザートーンなどの模様塗装を行う少量多品種生産がある。いずれの塗装も,金属素材の保護と適切な色彩やテクスチャーを付与し,製品の付加価値を高めることを目的とする。

表3-56と表3-57にそれぞれファイリングキャビネットの塗装工程例(パテ付けの有無)を示す。

表3-56　ファイリングキャビネットの塗装工程(パテ付けを必要とする場合)

工程	使用材料	処理方法または塗装方法	膜厚(μm)
前処理	りん酸鉄系またはりん酸亜鉛系	スプレー式	—
下塗り	アミノアルキド系	エアスプレー,エアレススプレー,静電塗装	15～20
セッティング	—	常温6～10分	—
焼付け	—	110～140℃,20分	—
パテ付け	アミノアルキド系	木べら,金べら付け	適量
焼付け	—	110～140℃,20分	—
水研ぎ	耐水研磨紙 #280～400	水研ぎを行う	—
乾燥	—	常温または80～100℃,10分	—
中塗り	アミノアルキド系	エアスプレー,エアレススプレー,静電塗装	15～20
セッティング	—	常温6～10分	—
焼付け	—	110～140℃,20分	—
上塗り	アミノアルキド系	エアスプレー,エアレススプレー,静電塗装	20～30
セッティング	—	常温6～10分	—
焼付け	—	110～140℃,20分	—

("塗装の事典"より)

表3-57　ファイリングキャビネットの塗装工程(パテ付けを必要としない場合)

工程	使用材料	処理方法または塗装方法	膜厚(μm)
前処理	りん酸鉄系またはりん酸亜鉛系	スプレー式	—
上塗り	アミノアルキド系	エアスプレー,エアレススプレー,静電塗装	20～30
セッティング	—	常温6～10分	—
焼付け	—	110～140℃,20分	—

("塗装の事典"より)

3.6 がん(玩)具の塗装工程

がん(玩)具の種類はたいへん多く，最近では金属にかわりプラスチック製が増えてきた。使用される塗料で問題となるのは顔料に含まれる重金属類の有無と量である。特に鉛含有（鉛毒）の塗料では含有率の小さいもの（不揮発分中1％以下）の使用が定められているが，今では，がん(玩)具用塗料といえば，そのほとんどが鉛をまったく含まない無鉛塗料となっている。

工業塗装として使用される塗料は，アミノアルキド樹脂系（メラミン樹脂系）やアクリル樹脂系塗料が多い。表3－58にがん具の塗装工程例を示す。

表3-58　がん(玩)具の塗装工程

No.	工程	使用材料
1	素地調整	酸洗い
2	上塗り	がん(玩)具用メラミン樹脂エナメル1回

3.7 プラスチック製品の塗装工程

プラスチックは従来の天然材料では得られなかった耐水性，軟質性，弾性，成形加工性などの特性を持たせ得るので，自動車部品，家電用部品，家庭用品などに広く利用されている。表3－59に塗装の対象になるプラスチックとその用途例を示す。

プラスチック製品への塗装の目的は金属製品のそれと異なり，防せい(錆)性を必要としないため，「美観」と「機能性」が主体となる。美観効果として，ナチュラル，着色素材のカラー化，多色仕上げ，メタリック仕上げなどの装飾化，成形時のきず・色むらのカバーなどが上げられる。機能性として，耐摩耗性の向上，素材の帯電性防止，導電性・耐薬品性・耐溶剤性・防かび性の付与，耐光性・耐候性の向上などがあげられる。表3－60にプラスチックへの塗装効果を示す。

(1) 素材と前処理

プラスチックは，金属に比べて表面エネルギーが低く，塗料の付着性は悪い傾向にある。特に，ポリオレフィン系素材は無極性で結晶化度が大きいため，付着性が問題となる代表的素材である。また，プラスチックは成形過程において，離型剤を使用しており，これが成形物の表面に付着し，塗料の付着性を低下させる因子となる。これらの理由から，プラスチックの前処理は，塗料の付着性を向上させることが主目的となる。

前処理は，以下に示す表面を清浄にする脱脂を主体とした方法と，物理的あるいは化学的な方法により付着に適する表面に改質する表面改質法に大別される。また，前処理をする場合には，プラスチックの変形温度や耐溶剤性などの材料の性質を考えておかなければならない。さらに，クレージングの原因ともなる成形時に生じた内部応力を減少させるためには，アニーリング（焼きなまし）を行うことが望ましい。

表3-59　　塗装の対象になるプラスチックとその用途例

	品種名	略名	耐熱変形温度	形態				用途例		
				成形	シート	フォーム	ほか	自動車	電器	その他
熱可塑型	はん用プラスチック　ポリエチレン	PE	80～100	○	○				TVマスク, ラジカセ	
	ポリスチレン	PS	64～93	○	○	○			TVマスク, ラジカセ	玩具
	ポリプロピレン	PP	90～120	○				バンパー, フェンダー	箱体	食品, 容器
	アクリロニトリルスチレンブタジエン	ABS	74～107	○				内装パネル, フェイシャルグリル	キャビネット	容器
	ポリアクリル酸エステル	PMMA	71～90	○				表示板	表示板	容器
	塩化ビニル	PVC	50～70	○	○					雨樋
	エンジニアリングプラスチック　ポリアミド（ナイロン）	PA	126～182	○						
	ポリブチレンテレフタレート	PBT	154～220	○						
	ポリフェニレンオキサイド	PPO	100～155	○				ホイールキャップ		キャビネット
	ポリカーボネート	PC	132～146	○					キャビネット	ヘルメット
熱硬化型	ポリウレタン(RIM他)	PU	100～130	○		○		バンパー		
	ガラス繊維補強のポリエステルなど	FRP	180～200	○				ルーフ		スポーツ用品
	フェノール	PH	107～204					電気回路部品	絶縁部分	
特殊型	ABS＋メタライジング		80～100	○						
	PS, ABS＋アルミ蒸着		80～90	○	○			照明具	表示盤	

（日本塗装技術協会："塗装技術ハンドブック"より）

表3-60　　　　　　　　　　　　プラスチックへの塗装効果

	付加価値性能	その機能内容
外観性能	表面着色	調色された塗料の塗装，メタリック，レザートーンなども可能
	平滑化	成形のひずみ，きずなどを外観的に隠ぺい(蔽)
	光沢調節	つや消し，半つや消し，光沢の全域に対応
	カラーデザイニング	マーキング，多色仕上げ（ツートンカラーなど）
	金属様仕上げ	プラスチックへのメタライジングのカバーコート
防御性能	耐光性	耐光性（表面劣化，光沢，色）の強い塗料の塗装
	防かび性	防かび機能のある塗料の塗装
	防じん(塵)性	静電塵埃付着を導通性のある塗膜で軽減
物性理能	耐摩耗性，表面硬化	有機系，無機系各種塗料が有効
	導電性，電波吸収性	金属粉などの混合塗料での塗装
実用作業性能	リフレッシュ	使用後の劣化を塗装でカバー，色替えも可能
	部分補修，マーキング	プラスチックの傷の補修や注意マークなどの付与
	カラーオーダーへの対応性	塗料の色を変えるだけで量産成形品の多様化
	一時防傷マスキング	弱い付着力を持続，手で剥離可能

（"塗装技術ハンドブック"より）

① 溶剤脱脂法

　付着性が比較的よいプラスチックの場合，一般的には表面の汚れ除去を目的として，溶剤ワイピングの方式をとるケースが多い。この場合，プラスチック素材を侵さない溶剤を選んで布などに含浸させ，表面をふき取る。溶剤に侵されやすいポリスチレン，ABS，アクリル，ポリカーボネートなどの熱可塑性樹脂にはメタノール，エタノール，イソプロピルアルコールなどの低級アルコールを使用する。熱硬化性プラスチックやポリオレフィンのように耐溶剤性の良好なものは，溶解性パラメーターか近い溶剤を使用するケースが多い。

② 薬品処理法

　古くから行われている薬品処理の方法にクロム酸液処理があるが，処理液の公害問題があり好ましくない。工業的に使用されている例として，けい酸ナトリウムやりん酸ナトリウムを使用するアルカリ脱脂法，アメリカで開発，実施されている，水洗を主体にしたパワーウォッシュ法，塩素系溶剤の規制で将来的には廃止されると思われるがトリクロロエタンなどの難燃性ハロゲン溶剤を加温し，発生した溶剤蒸気で素材を脱脂する溶剤蒸気脱脂法などがある。

③ 表面改質処理法

　付着性のよくないポリオレフィンの表面に極性基を導入することにより，極性の高い塗料との親和性を与え，付着性を向上させることを主体とする。この方法には，コロナ放電を生じた電極と対極の間にポリオレフィンフィルムを通すことでフィルム表面にカルボニル基などの極性を導入するコロナ放電処理，ポリオレフィンフィルムに紫外線を照射すると分子切断や極性基の生成が起こる

ことを利用した紫外線照射法，ガスバーナーから出る炎の酸化炎の部分をプラスチックに当てて，極性基を導入させるガス炎処理法，プラズマ状態の中にプラスチック暴露することで表面のエッチング，架橋オレフィンの生成・極性基を導入するプラズマ処理などがある。

(2) 塗料と塗装工程

プラスチック用塗料は，素材の性質を生かしながら，用途に応じていかに機能を付与するかが，大きなポイントになる。そのためには，前処理と同じように各プラスチック素材のもつ耐溶剤性，耐熱性などの違いにも注意が必要である。各プラスチック素材に適する塗料を表3－61に示す。

表3－61　プラスチック素材と適用塗料

	アクリルラッカー	塩素化ポリオレフィン	ウレタンラッカー	一液形メラミン	二液形ウレタン	一液形ウレタン
ポリスチレン	○					
ABS	○					
アクリル樹脂	○					
ポリカーボネート	○					
PPO	○					
PVC					○	
硬質PP		○				
軟質PP		○		○	○	
ナイロン					○	
PBT					○	
RIMウレタン			○	○	○	
SMC				○	○	
フェノール				○	○	
クロムめっき					○	
真空蒸着	○					○

〔(社)色材協会："色材工学ハンドブック"より〕

また，塗装の対象となるプラスチックは，表3－59に示したように広範囲に及んでおり，塗装された製品の用途は自動車車体・同部品，家電製品，弱電製品，音響機器，がん具，日用雑貨など多岐にわたっている。これらは素材材質と塗装目的により工程が異なり，それぞれについて個別に具体的な塗装設計がなされる必要がある。基本的塗装工程を表3－62に，数多くある塗装工程の中で2例を表3－63と表3－64に示す。

表3-62　基本塗装工程とその意味づけ

	目的（状況により選択）	その内容	方法 熱可塑性(PP)	熱硬化型(RIM-PU)
前処理	付着物の除去	油，離型剤，ごみ	溶剤(蒸気)洗浄，ワイプ	左に同じ
	表面欠陥の修正	ひずみじわ，ばり，クラック	はつり，シーラー	左に同じ
	塗膜との付着性付与	極性基の導入	酸化性酸，紫外線，プラズマ	－
	導電性付与（静電塗装用）	導電膜の形成	導電剤液浸漬	左に同じ
塗装 下塗り（省略あり）	付着性の強化	付着性下塗り	専用下塗り	－
	平滑性と肉持感付与	厚膜下塗りで隠ぺい(蔽)	専用下塗り	左に同じ
	導電性の付与	上塗り静電塗装可	専用下塗り	左に同じ
塗装 上塗り	外観（色，トーン，意匠）	塗料選択		
	耐光性向上	赤外線しゃ(遮)断		
	光沢調整（つや）	光沢⇔つや消し		
	ハードニング	すりきず防止		－
	摩擦吸じん（塵）	極性基導入		－
	電波吸収性付与	電磁波しゃ断		
乾燥	自然乾燥			
	熱風乾燥			
	赤外線照射			
	紫外線照射			

（"塗装技術ハンドブック"より）

表3-63　家電用ABS素材の塗装工程例

No.	工程	使用塗料とその処理	乾燥塗膜厚	乾燥時間
1	アニーリング（焼なまし）	必要に応じて行い，素材の残留ひずみを軽減する。	－	－
2	素材表面調整	マスキングのほかに表面の汚れ，離型剤などをメタノールで洗浄，取り除く	－	－
3	上塗り	アクリル系メタリック　100（ABS用）塗料 同　シンナー　30～40 スプレー塗り	15～20μm	60℃×60分間
4	ホットスタンプ	塗膜上に必要とする表示のホットスタンプ印刷(150℃程度)	－	－

（日本規格協会"JIS塗料の選び方，使い方"より）

表3-64　　　　　　　　尿素素材の真空蒸着塗装工程例

No.	工　　　程	使用塗料とその処理	乾燥塗膜厚	乾 燥 時 間
1	素材表面調整	必要に応じて行い，素材の残留ひずみを軽減する。	—	—
2	真空蒸着用アンダーコート	尿素素材用真空蒸着下塗り　　　　　　　　　　100 同　シンナー　　　　80 スプレー塗り	8～10μm	80℃×90分間
3	蒸　　　着	アルミニウム金属の真空蒸着を行う(蒸着装置使用)。	3～5Å	
4	真空蒸着用上　塗　り	尿素素材用真空蒸着上塗り　　　　　　　　　　100 同　シンナー　　　　80 スプレー塗り	5～8μm	70℃×60分間

("JIS塗料の選び方，使い方"より)

第4節　機能別塗装

現場の特殊な要求に応じて行われる特別な塗装を機能別塗装という。

通常の塗料による塗装と違って，目的別の特殊な性能（機能）をもつ塗料を用いて行われる塗装で，特殊塗装，特殊用途塗装ともよばれる。しばしば行われる塗装としては，次の種類がある。

4.1　耐薬品の塗装

(1)　目　　的

化学工場など，絶えず酸性やアルカリ性の薬品ガスが建築物の内外に満ちていたり，それらの薬品で直接汚損されたりするような環境では，工場の建築物，設備などの鉄面，コンクリート面，モルタル面などが急速に腐食を受ける。このため，それらの素材を腐食から防護しなければならない。

すなわち，施工する塗装は耐薬品の塗装として，一般の保護や美観とは異なった過酷な条件に耐えるものでなければならない。

(2)　使用塗料

塗料は，100％フェノール，塩化ビニル，アクリル，塩化ゴム，エポキシ，ウレタン，ふっ素樹脂系など，各種の合成樹脂塗料が用いられる。一般に使用されるのは，エポキシ，ウレタン，塩化ビニル，アクリル，塩化ゴム樹脂系の塗料である。

現在のところ，経済性にやや難点があるが，アルカリ性，酸性などの化学薬品や各種の溶剤に対

してすぐれた特性を示し，超耐候性能をもっているふっ素樹脂系の塗料が化学工場や海岸などの過酷な条件下での塗装に効果を発揮している。

(3) 工法上の要点

塗料の選択，塗装系の決定は，基本的な事項である。

耐薬品塗装が行われる環境は，軽度な腐食性環境と，過酷な環境との2つに分けられる。

塗膜に要求される性能の程度もさまざまである。これらの要因のほかに，作業性，経済性，気象条件なども要因となる。このため，これらを総合的に判断して，塗料，塗装系の選択を行うことが重要である。

塗装の対象となる下地の種類は，無機質系，金属系，木質系などであるが，大部分のものは無機質系と金属系である。

塗装部位も，屋外，屋内にわたり，天井，壁，床などがある。

床面塗装では，耐薬品性能とともに，耐摩耗性，ノンスリップ性，歩行性の向上などの機能も要求される。

塗装される部位によっては，塗膜の機械的強度を向上させるために，ガラス繊維または化学繊維クロスを積層して，塗膜を強化する方法がよく用いられる。

素地ごしらえの作業は特に重要な工程である。

耐薬品性能，耐久性能は塗膜の厚さに大きく影響される。環境条件によって必要な塗膜が異なる。

もっとも大切なことは，支障のないかぎり塗膜を厚くすることである。

4.2 耐熱塗装

(1) 目 的

ボイラーの扉，熱風炉の周囲，煙突，排気管など，高温に長時間さらされる場所に塗装し，鉄表面の熱酸化防止を目的とする塗装である。

最近では，石油精製，化学プラント，原子力発電設備などで，その重要性が増大している。

(2) 使用塗料

耐熱塗料には，シリコーン樹脂などを主成分とした樹脂系のものと，けい酸塩を主成分とした無機質系のものがある。

(3) 工法上の要点

被塗装物の温度条件や要求される性能に応じた塗料を選ぶ。

工場やプラントの耐熱塗装では，耐熱性能と同時に，防せい性能も要求される。

塗装の前処理作業は重要である。さび，油汚れなどは完全に除去する。また，耐熱性，防食性，美観を長期間維持するためには，規定された膜厚が必要である。膜厚限界を超えた塗膜は，急激な加熱ではく離を生じるなど，性能劣化の原因となる。

長期間保存した塗料は，必ず沈殿物が生じているので，十分にかきまぜ，ろ過して使用する。

塗装作業中および塗料取扱い中は，換気を十分にし，火気は厳禁である。

また，材料の性能などが常に向上するので，注意していなければならない。

4.3 防火塗装

(1) 目的

建築物内外の可燃性建材に塗装し，着火を遅らせ，延焼を防ぎ，被塗装物が鉄骨構造物の場合には，耐火被覆の目的で塗装される。

(2) 使用塗料

防火塗料には，発泡性防火塗料と，非発泡性塗料の2種類があり，いずれも不透明塗料である。主に発泡性が使用される。

難燃性透明塗料も開発されているが，一般的でない。

最近の発泡性防火塗料はすぐれたものが多い。

(3) 工法上の要点

はけ，ローラーブラシ，エアスプレー，エアレススプレーなど，いずれでも塗装できるが，塗膜が厚いほど効果的なので，あまり溶剤を加えずに塗る。そのためにも，はけ塗りが適切である。

一度塗装すれば永久に防火性があるわけではなく，塗膜の劣化とともに性能も劣るので，適宜塗り替えの必要がある。

木質部の場合は，見返しなどの目につかない部分も確実に塗り，継手などには，下塗りを十分にしみ込ませておく。

既存の建築物のうち公共性の高いもの，たとえば病院や旅館などでスプリンクラー設備のないところでは，それを設置するか，または木部に認定された防火薬液を塗装することが義務づけられている。その場合の防火薬液とは，防火塗料と同じである。

4.4 放射線防御塗装

(1) 目的

原子力施設や放射性同位元素を取扱う施設の壁面，床，設備などに塗装して，汚染から防護するために行う塗装である。

(2) 使用塗料

塩化ビニル樹脂系，塩化ゴム系，エポキシ樹脂系塗料が使用されている。汚染される度合いが少なくかつ除染性のよいことが，塗料選定の条件である。

耐放射線性は，エポキシ樹脂系の塗料がすぐれている。

(3) 工法上の要点

素地ごしらえに求められる第一の要素は，鉄面では防せい性で，完全ケレンが要求される。コンクリート面では，平滑性である。

原子力施設は，通風換気が比較的悪いから，溶剤中毒およびガス爆発の防止のための対策は徹底しなければならない。

塗装手段ははけ，ローラーブラシが多く用いられる。特に膜厚の管理は重要で，規定の膜厚に塗装することが大切である。

(4) レントゲン室の塗装

病院，診療所などのレントゲン室には，X線の透過を防ぐため一般に鉛板を張りめぐらすこととなっているが，さらに室内の散乱光線を防ぐため，適切な塗装が行われる。

これに使用するX線防御塗料は，鉛系化合物を主体とする下塗り塗料と，鉄系化合物よりなる中塗り塗料，下塗りおよび中塗りの効果に影響を与えることなく美観の目的を果たす上塗り塗料の3種に分かれている。

施工にあたって最も大切なことは，規定された使用量を守って所定の面積に塗装し，必要な塗膜の厚さを確実に構成することである。

4.5 長期防食塗料の塗装

(1) 目　的

重防食塗装ともよばれるもので，海上，沿岸工業地帯，その他の過酷な腐食環境に用いられる塗装で，長期の防せい，防食と耐久性維持を目的として行われる。

鋼構造物の防せい保護は，主に塗装により行われる。長期の安全性は塗り替え工事をくりかえすことによって維持されてきた。

最近では被塗装物の環境条件の変化，施工費の増大などの要因から，作業も容易でない。このような情勢から，耐久性のより大きい塗料を用い，塗り替え周期を延長し，塗り替え工事の回数を減らすことを目的として，開発された塗装である。

防せい塗装では，防せい効果および耐久性効果の程度は素地調整と膜厚で決まる。

一般の腐食環境で，必要とする膜厚は$150\mu m$程度とされている。この膜厚は油性系（JASS 18・5.3(1)A種に規定されている。）で得られる総膜厚である。過酷な腐食環境では，$250\mu m$程度の膜厚が必要である。

この必要膜厚を，少ない塗り回数で得ることを目的とした塗装を，ハイビルド塗装とよぶ。

(2) 使用塗料

下塗りは，無機，有機のジンクリッチペイントが使用される。

中塗り，上塗りは，厚膜形塩化ビニル，厚膜形塩化ゴム，厚膜形エポキシ，ポリウレタン系の塗料が使用される。

(3) 工法上の要点

素地調整程度は，1種ケレン（ブラスト処理）が条件である。現場塗装では，一般にブラスト処理が困難である。その場合は，素地調整の程度に応じた塗装を選択する。

塗装手段は，はけ，エアスプレー，エアレススプレーのいずれも可能であるが，厚塗りを目的とするので，エアレススプレーが適している。

塗装の対象は，主に鉄面，コンクリート面などである。一例をあげると，鉄骨，橋りょう（梁），工場装置，貯水槽，汚水槽，水圧鉄管などで，より長期間の防食を必要とするところに塗装される。

塗料の種別によっては，1液形もあるが，一般には2液形である。混合比を守り，十分にかき混ぜて使用することが大切である。

また，塗り重ねは規定された時間内に行うことが必要で，長期間放置したものに塗り重ねをすると，後日，層間はく離を生じる。気温，湿度，風などの気象条件にも規定があり，気温10℃以下では，エポキシ系は塗装しない。

4.6 その他

(1) 殺虫塗装

① 目　的

食品工場，食堂，調理場など，環境衛生を重んじる場所の壁面，その他に塗装して，ここに触れたはえやあぶら虫，蚊などをやがて死滅させ，侵入してくる数を少なくするとともに，壁面その他の美観も兼ねる塗装である。

② 塗装の方法

一般の塗装とまったく同様に，はけ，ローラーブラシ，エアスプレー，エアレススプレーなどで自由に塗装することができる。

1回塗りが普通であるが，仕上がりが悪いと思われる場合は，下塗りとして普通のつやなし塗料を塗り，上塗りだけに使用すればよい。

壁面に吸込みのある場合などは，すべて一般の壁面塗装と同様の処置をする。

古い塗膜でも，その上に塗装することができる。

殺虫剤効果は1年以上を経過しても十分発揮すると考えられているが，塗面の汚れ，その他の原因からも表面の薬剤効果の減退が考えられるので，1年ごとに塗り替えるのが理想的である。

③ 工法上の要点

塗装は1年のうちの夏の初めに塗ると有効である。つやなし塗膜であり，耐水性も劣るが，多少の水洗いはさしつかえない。

使用の一例をあげると，次のとおりである。

a）学校，病院，寄宿舎，工場，食堂などの調理場，便所

b) 一般家庭の室内, 台所, 便所
　　c) 飲料品, 食料品などの製造工場
　　d) 魚市場, 食料品販売所, 食料品倉庫
(2) 防かび塗装
① 目　的

　わが国の気候は温暖で湿度が高い。加えて, 最近の建物の構造は密閉構造になっている。マンションや一般住宅の内部環境は, かび発生の条件が整いすぎている。

　かび発生の条件とは, 適度な温度 (20～30℃), 高い湿度 (85%以上), 酸素, 栄養源の4つである。これらの条件のうち1つでも取り除けば発生は阻止できるが, 実際には困難である。そこで防かび剤を混入した塗料を塗装し, かびの発生を防止し, 併せて美観を与える。

② 使用塗料

　塗料用防かび剤には各種あるが, 目的条件に適したものを選択して, 塗料に混入して使用する。ベースとなる塗料はエマルション形のものと溶剤形のものがある。防かび剤を現場で調合して行う場合と, 既調合の場合とがある。

③ 工法上の要点

　要求される塗膜の性能が高度なほど, 品質保証の要求が発生する。

　高機能性塗装には必ず塗膜保証の問題が起こる。このような事情から, この種の塗装は専門化される傾向にある。

　事前調査, 薬剤の選択, 素地調整作業の内容と施工, 塗装後の追跡調査など, いずれも専門的技術を必要とする性質の作業である。専門業者から十分な指導をうけて施工することが基本である。

第5節　特殊金属塗装 (変わり塗り)

　塗装の目的が物体の保護と美観であることはいうまでもないが, 特殊塗装は美観の点においてもう一歩進め, 塗膜に色彩や光沢のほかにパターンやテクスチャー, 輝度感を与え, いっそう美しく, 特殊な効果を期待する塗装である。

　特殊金属塗装には, 塗料自体が特殊な性能を持っており適切な塗装法により効果を発揮するものと, 塗料は一般的だが特殊なテクニックによって効果を発するものがある。

　前者には, メタリック塗装, ハンマートーン塗装, パール塗装, クラッキング塗装, ちりめん塗装, 結晶塗装, レザートーン塗装, 蛍光塗装などがあげられる。

　後者には, 木目塗装, マーブル塗装, べっこう塗装, 梨子地塗装, 光塗装, 水玉塗装, すみ流し塗装, 乱糸模様塗装などがあげられる。この節では, 多数ある特殊塗装のなかから代表的なものについて述べる。

5.1 メタリック塗装

メタリック塗装とは，塗膜中に金属光沢があり，深みのある塗装仕上げである。この塗装に用いられる塗料は，各種の樹脂系のエナメル中に金属粉（主にアルミニウム粉）を混合したもので，塗装すると金属粉が塗膜の下層部に沈降・分散して，外部からの光線の反射により独特の輝きを発する。メタリック塗装は自動車をはじめ各種の金属製品，プラスチック製品の高級塗装として広く用いられている。

塗装方法は，スプレー塗装が中心となり，その工程は，まず調色されたメタリック塗料をスプレーし，次にクリヤ単独をスプレーして仕上げる。

スプレー塗装の際，注意する点はスプレーガンの運行速度，吹付け距離，パターンの塗り重ね間隔を一定にし，一度に厚く塗らないようにすることである。塗膜厚が不均一であったり，一度に厚く塗りすぎると，金属粉が均一に分散されず，むらができる。特に乾燥の遅い塗料やシンナーで希釈しすぎた場合，むらができやすいので注意が必要である。また，メタリック塗装では塗装条件によっても見え方が変化する。表3-65に塗装条件とメタリック感の関係を示す。

表3-65　塗装条件によるメタリックカラーの効果

	条　件	色が淡くなる。（ドライコート）	色が濃くなる。（ウエットコート）
シンナー	シンナーの蒸発速度	速い。	遅い。
	塗料粘度	高く。	低く。
	リターダーの添加	使用しない。	使用する。
スプレーガン	ノズル口径	小口径。	大口径。
	塗料の吐出し量	少なくする。	多くする。
	空気圧力	高く。	低く。
	空気量	多くする。	少なくする。
	パターン幅	広く。	狭く。
塗り方	塗装距離	遠くする。	近くする。
	ガンの運行速度	速くする。	遅くする。
	フラッシュオフタイム	長くとる。	短くとる。
	ミストコート（シンナーコート）	しない。	する。
作業室の環境	温度	高い。	低い。
	湿度	低い。	高い。
	通風，換気	よくする。	普通。

5.2 ハンマートーン塗装

ハンマートーン塗装は，金属をハンマーでたたいたような美しい立体模様が現れる塗装である。塗料中に，金属粉とシリコーン系添加剤を配合することで，立体模様と金属粉による金属光沢，顔料による色彩の3つの要素が複雑に混合されている。素材がダイカストのように多少凹凸があっても，この塗料の特徴である立体模様のため，1回塗りで仕上げられる利点がある。しかし，金属素地に防せい塗装を1回施しておくと防せい能力が増大する。

ハンマートーンエナメルには，常温乾燥形と焼付け乾燥形の2種類がある。常温乾燥形は3～4時間で乾燥し，焼付け形は120℃で30～40分乾燥させる。

この塗料の塗装方法はスプレー塗装によって行われるが，塗料の粘度はやや高めで，スプレーガンの口径は大きいもの（ノズル口径1.5～1.8mm）を使い，吹付け圧力180～250ｋＰa（1.8～

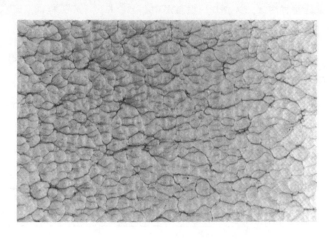

図3－56　ハンマートーン塗装の外観

2.5kgf/cm^2）の低圧で，吹付け距離は30～35cmとして，荒く，若干吹き残しがある程度がよい。吹付け2～4分後に模様ができる。水平面に塗装すると美しい模様がでる。垂直面に塗装すると流れた感じの模様となるから注意しなければならない。図3－56にハンマートーン塗装の外観図を示す。

5.3 パール塗装

パール塗装は，メタリック塗装のような「きらきら」した光沢ではなく，塗膜中から真珠光沢を発する塗装である。パール塗料は，真珠光沢を発する物質（チタナイズドマイカ顔料，魚りん(鱗)片など）をビヒクルに配合した塗料で，塗装すると見る角度によってははく(箔)が光を一部透過して，下層塗膜の色と合成されて見え，干渉色を呈する。チタナイズドマイカ顔料は，雲母の表面に酸化チタンをコーティングしたもので，コーティング層の厚さで種々の干渉光を発する。図3－57にチタナイズドマイカ顔料の構造を示す。

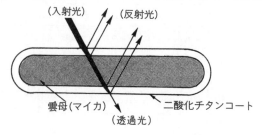

図3－57　チタナイズドマイカ顔料の構造
（トヨタ自動車(株)サービス部編"ＴＯＹＯＴＡボデー修理書"より）

塗装工程は，まずソリッド色のベース塗料を塗装し，次にパール塗料を塗り，最終仕上げにクリヤを塗装する。チタナイズドマイカ顔料を均一に分散させるには，メタリック塗装を参考にするとよい。

5.4 クラッキング塗装

クラッキング塗装は，あらかじめ地塗りした塗面上にクラッキング塗料を塗装すると割れが起こり，き(亀)裂模様の合い間から地塗りした塗面の色が見えて，一種独特なひび割れ模様をつくる塗装である。

このクラッキングエナメルには，多量の体質顔料（ステアリン酸アルミニウム）が配合されており，塗装した後，乾燥過程で塗膜が収縮するためにひび割れが生じて模様となる。クラッキングエナメルは非常にもろく，付着力も弱いので，その上にクリヤを2～3回塗装し，塗膜を補強すると同時に平らな面として仕上げなければならない。塗装方法はスプレー塗装が主で，塗料を薄く塗れば細かい模様となり，厚く塗装すれば大きい模様となる。美しい模様にするためには，地塗りした塗面とクラッキングエナメルの色の配色がポイントとなる。図3-58にクラッキング塗装の外観を示す。

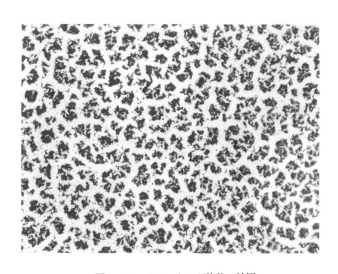

図3-58 クラッキング塗装の外観

5.5 ちりめん塗装

ちりめん塗装は，ちりめん塗料を塗装し，焼付け乾燥をして塗面に細かい縮み模様（ちりめん模様）を得る塗装である。ちりめんは，塗膜の厚いときは大きい模様となり，薄く塗ると細かい模様となる。塗面が凹凸のあるちりめん模様となるので，よほどひどい素地でない限り，素地に直接1回塗りで仕上げる。塗装方法は，スプレー塗装が主で，ポイントは塗膜の厚さを平均することである。乾燥条件は，100～150℃，約30分ぐらいで乾燥する。

5.6 結 晶 塗 装

結晶塗装は，塗膜に結晶模様のしわ（ちぢみ）を起こさせる塗装である。塗装の方法はちりめん

塗装とほぼ同じだが，特にこの塗料は乾燥中に燃焼ガスを塗面に接触させることが必要で，一般には直接式のガス炉が用いられる。また，乾燥工程が2段階で最初に50～70℃，20～30分して模様が出そろってから，次に100～140℃，約1時間焼付ける。燃焼ガスは乾燥の最初の段階のみ必要となる。そのほかは，塗装内容はちりめん塗装と変わらない。

5.7 レザートーン塗装

レザートーン塗装は，一見ビニルレザーのようなソフトな感じを塗料および塗装技術によって表現する塗装で，常温乾燥形と焼付け形があり，仕上げには，つや有りとつや消しの2種類がある。また，模様の細かいものをレザーサテン，大きなものをレザートーンという。

塗装方法は，下塗り終了後，上塗り塗料と同色のつや有りまたはつや消し塗料を1回塗って中塗りとし，10分間放置後，上塗りをして乾燥を行う。上塗りは，中塗りと光沢の度合を変えた高粘度（フォードカップ4号，60秒以上）の塗料をできるだけ低圧 $\{100～150 kPa（1～1.5kgf/cm^2）\}$ で，ゆず肌を作るようにゆっくり吹き付けるもので，塗料の粘度と吹き付け圧のバランスひとつで，模様粒子の大きさが変化する。

5.8 木目塗装

高級木材の美しい木目，優雅で暖かみのある感じを，金属やその他の被塗装物に人為的に表現する方法が木目塗装である。車両の内部，エレベータの内部，鉄鋼家具，自動車のメータ板などに応用され，金属のもつ硬い感じを，木材の温和な軟らかい安定した感じに置き換える働きをする。

木目塗装には，木目を他のもので作っておき，それを塗装面に写す転写法と筆やはけを用いて描いていく手描法の2つの方法がある。さらに転写法は直接原木から写す原木法と銅腐食板から写す銅板法，転写紙から写す方法がある。

5.9 マーブル塗装，べっこう塗装

塗装のテクニックによって，マーブル模様を表現する塗装で，大理石塗装ともいう。マーブル塗装は真綿またはスチールウールなどをマスクとしてエナメルを吹き付け，大理石模様を作る塗装の方法である。

地色は白色または大理石の地色を模したエナメルを塗っておく。適当な木枠にくぎを並べて打ち，そのくぎに真綿をかけて，引き伸ばし，セラックニスを薄く吹き付けて固めたマスクを作る。真綿は，水に浸してよく濡らしてから引き伸ばし，よく乾燥した後，セラックニスで固めるとよい。マスクを被塗装物に密着させて，茶色，黒色などのエナメルを吹き付けると，真綿の部分だけ色が着かず，一見大理石のような模様ができる。マスクを取り除いたあと，クリヤを塗り重ねて，最後に磨いて仕上げる。

べっこう塗りは、大理石模様塗りの真綿の代わりに「ふのり」を用いるもので、塗装の要領は大理石塗りと同じである。なおクリヤラッカーに黄色の油溶性染料を少量混ぜて飴(あめ)色に着色しておくと一層効果的である。図3-59にべっこう塗装の外観図を示す。

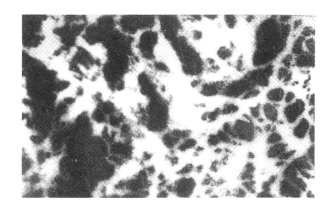

図3-59 べっこう塗装の外観

5.10 なし(梨子)地塗装

なし(梨子)地塗装は、吹き付けを利用して種々のなし(梨子)地模様を塗面に作り出す塗装法で、エレベーターの内部、ドア、工芸品、金属機器などに応用されている。

黒またはその他の中塗りをした塗面に、ラッカーシンナーに金属粉(しんちゅう粉、アルミニウム粉など)を20〜30%ぐらい加え、スプレーガンのノズルを丸吹きにし、コンプレッサーの圧力を低め{100〜200kPa($1〜2$ kgf/cm^2)}にして、塗面よりやや離して吹き付けると、塗面に金または銀のはん(斑)点を生じ、漆塗りの金なし(梨子)地、銀なし(梨子)地のような仕上げが得られる。また、ラッカーシンナー中に少量のテレピン油を加えて吹き付けると、テレピン油の反発によって金属粉は外周部に散り、桜の花が開いたような模様をつくる。なし(梨子)地の粒子の大きさは、吹付け圧力によって異なり、低圧ほど模様は大きくなる。

5.11 光塗装(菊花塗り)

スプレーガンの操作によって、太陽のコロナのようにも見えるので光塗り、また菊の花のような模様を得ることから菊花塗りともいわれている。

この塗りは、あらかじめラッカーエナメルで地色塗りをした面に施される。塗装方法は、ラッカーシンナーに金属粉(しんちゅう粉、アルミニウム粉など)

図3-60 光塗装の外観

を10％程度添加して，スプレーガンのノズルを丸吹きにし，できるだけ被塗装物に近づけやや高圧{500～600ｋPa（5～6 kgf/cm^2）}で，瞬間的に吹付けると円状に出た塗料は放射状に散って，ちょうど太陽が輝いているような感じの模様が得られる。また，吹付け圧力，距離，スプレーガンの角度，ラッカーシンナーに少量のアルコールや塗料用シンナーを加えるなど溶剤組成を変えると，さまざまな変化のある模様ができる。模様づけが終わったら上からクリヤを1～2回塗って仕上げる。図3－60に光塗装の外観を示す。

5.12 すみ流し塗装

ラッカーまたは漆，カシューなどの油性エナメルに多量の溶剤を加えて，しゃぶしゃぶの塗料を作る。別に用意した容器の中に水を張って静止させ，塗料を2～3滴落として広がるのを待ち，棒で静かに動かして流れ模様を作った後，被塗装物を一端より徐々に模様を写し取るもので，とろこによって竜文塗りとか天竜塗りといっている。塗料を1色より2～3色併用して用いたほうが模様が鮮明に出る。

5.13 乱糸塗装

粘度の高い塗料を，高圧でスプレーガンのノズルの先端から噴出させると塗料は糸状となって被塗装物の表面に付着し，乱糸状の模様が得られる。そのためには，従来使用されているスプレーガンでは，高粘度の塗料は吹き付けられないので内圧式の乱糸ガンを用いる。塗料容器の圧

図3－61　乱糸塗装の外観

力を調整することによって，太い線，細い線を自由に作ることができる。塗料粘度は，10P（ポアズ）以上，容器加圧力100～300ｋPa（1～3 kgf/cm^2），スプレー圧100～300ｋPa（1～3 kgf/cm^2）程度で吹き付ける。

図3－61に乱糸塗装の外観を示す。

第6節　塗り替え塗装

　金属塗装の塗り替えは，色違いや使用塗料の選択ミスまたは塗装時に起こる各種の塗膜欠陥が発生した場合と，塗装後の塗膜や素材に何らかの経時変化を引き起こした場合が考えられる。前者の場合は，すでに塗装されている塗膜をはく離した後所定の塗装工程をやり直す必要があるが，大量生産品では再塗装のコストは新しい被塗装物の塗装コストに比べかなり高くなるため，廃棄処理されることも多い。

　ここでは，後者の経時変化を引き起こした金属塗装製品の塗り替えを，旧塗膜のはく離方法と補修塗装の実際として自動車を例にあげ説明する。なお，自動車では，塗膜の劣化にかかわらずユーザーの志向により塗り替え塗装が行われるケースも多い。

　いずれにしても，金属塗装製品の塗り替えに際しては，次の点に注意して作業を計画しなければならない。

① 塗り替えをなぜ行うのか，目的を明確にする。
② どんな塗装系で作られたのか，使用材料の確認をする。
③ 塗膜の劣化や損傷の状況をよく調べる。
④ 素材の腐食や損傷の状況をよく調べる。
⑤ 塗装コストと作業時間の制約はあるか。

　以上のような観点から，旧塗膜を活かすか全面はく離するか，素地調整や前処理の方法，使用材料（塗料）の選択，仕上がり外観の程度などが計画され，適切な塗装工程が決定される。

6.1　塗り替え時期

　塗装の目的には，①被塗装物の保護，②美観の付与，③特殊機能の付与などがあるが，金属製品の塗装においては素材を腐食（さび）から守ることが大きな比重を占めることが多い。塗り替え塗装は，これらの塗装目的が失われたり，失われつつある場合に必要が生じてくる。

　塗膜の耐久性は，素材の種類，前処理の方法，使用塗料などの塗装仕様に加え，その工程管理に大きく左右されるばかりか，これらの塗装製品が使用される環境によっても大きく異なる。また，製品に要求されている塗装目的も，それぞれ異なっているため，塗り替え時期を単純には決められない。

　塗り替え時期の判断は，その製品の塗装目的をよく理解し，現時点での塗膜の機能を適切に評価・判定をして決められるものである。判断項目としては，塗膜の光沢減少や変退色，きずや汚染，素材の腐食などがあり，そのほとんどが目視によるものである。したがって，塗膜や素材の状態を常によく観察することが重要となる。素材の腐食が発生した後では，素地調整に多くの時間をかけな

けらばならないため，できればその前の時点での塗り替えが望ましい。早期発見と早期対処が大切である。

6.2 旧塗膜のはく離方法

(1) 機械的はく離法（物理的はく離法）

古い塗膜を研削や衝撃などの物理的作用によりはく離する方法である。一般に使用されているものは，手作業で使用する簡単な道具，エアー駆動または電動工具，大規模な機械設備を伴うものまである。

手作業の道具としては，研磨紙，研磨布，スクレーパー，ワイヤーブラシなどがある。動力源にエアーや電動のモーターを用いた各種のサンダーやグラインダーがあり，作業能率の向上に力を発揮する。これらの機器は，わずかな熟練で簡単に使いこなすことができ，比較的費用も安い。小面積のはく離には便利でよく使われる。

けい砂や鉄球などを圧縮空気によりノズルから噴出させるブラスト処理は，清浄度の高いはく離や，工場などで大量にはく離する場合などに効果的である。噴出させる材料の種類により，サンドブラスト，ショットブラスト，グリットブラストなどがあり，塗装前処理や素材への模様付けなどとしても利用されている。短時間に大量の処理が可能であるが，設備費は高価である。また，被塗装物素材の薄いものなどはブラスト時の変形に注意が必要である。

(2) はく離剤によるはく離法（化学的はく離法）

はく離剤は，塗膜を軟化・膨潤させて素地から容易にはがすもので，各種の溶剤や薬品，界面活性剤などを配合したものである。現在使われているはく離剤は，有機不燃性のものがほとんどで，粘性が高く蒸発しにくいはけ塗り用と粘性が低く塗膜への浸透性の高い浸漬用のほか，酸性，アルカリ性，中性タイプなど数多くの種類が市販されている。金属素材の種類や旧塗膜の種類，対象物の大きさ，形状などにより適切に選択することが重要である。

ラッカー系やビニル系などの蒸発乾燥形塗膜では比較的簡単に溶けて軟化するため，へらなどでかき落とす。アミノアルキド樹脂系（メラミン樹脂系）やウレタン樹脂系，エポキシ樹脂系などの橋かけ反応形塗膜でははく離が困難な場合がある（特に電着塗装塗膜の場合）。なるべく長い時間はく離剤と接触させたり，あらかじめ塗膜にきずをつけてはく離剤の浸透を促進させるなどの工夫も効果的である。

はく離後は，水洗いを十分して清掃する必要がある。これが不十分ではく離剤が残っていると，再塗装塗膜の付着不良やふくれなどの塗膜欠陥をはじめ，素材の腐食などのトラブルの原因となる。水切り乾燥後はすみやかに次の塗装工程に入り素材の腐食を防止しなければならない。

はく離剤は，皮膚刺激があり多少の危険を伴うので，作業中はゴム手袋や保護眼鏡などの使用が望ましい。特に，貯蔵中に容器内でガスが発生して内圧が高くなっていることがあるため，ふたを

取るときに目などに入らないよう注意が必要である。

また，はく離作業後のはく離廃液については専門業者に委託処理を行い，安全管理に努めなければならない。

6.3　自動車の補修塗装

(1)　補修塗装の種類

使用過程車の補修塗装は，旧塗膜の状態，損傷の程度によって次のように分けられる。

① 部分補修（スポット補修）：ぼかし塗りによって，部分的に補修する。

② ブロック補修（パーツ補修）：ドア，フェンダーなどのパーツ単位で補修する。最も一般的な補修方法である。

③ 全塗装：車全体を塗り替える。一般には上塗り塗料を全面に塗装するが，まれに下塗りから全部はがして再塗装する場合もある。

(2)　補修用塗料

自動車補修用塗料とその工程および効果についてまとめたものを表3-66，表3-67に示す。

補修塗装の場合には，作業性，設備面などから，自然乾燥形や強制乾燥形の塗料が多用される。特に最近は，アクリルウレタン樹脂系の塗料が，その塗膜性能，仕上がりのよさから注目され，2液混合形という作業上の制約がありながら，補修塗料の主流になっている。

アクリルウレタン樹脂系塗料は，当初は比較的乾燥の遅いものが主流であったが，最近は，速乾タイプのものが多く市販され，作業性が改良されている。

(3)　補修塗装工程

補修塗装の場合には，新車のライン塗装とは異なり，塗装作業だけでなく，板金作業，部品の脱着作業，養生作業などが組み込まれる。また補修範囲，損傷の程度，使用塗料の種類などによって，作業工程は多種多様である。

表3-68に自動車の補修塗装工程の例を示す。

表3-66　　　　　　　　　　　　自動車補修用塗料とその工程および効果

補修用塗料	工程および効果
ウォッシュプライマー （エッチングプライマー）	(1) さび落とし，脱脂など処理した車体鋼板の上に直接塗布する。さびの発生を防ぐ。鋼板との付着や次に塗装する塗料との付着を良くする。 (2) 主成分：ビニルブチラール樹脂とクロム酸亜鉛 　　　　硬化剤：りん酸 2液性プライマーである。 (3) 薄く塗ること。120℃以上の高温で乾燥させないこと。塗装後通常1〜8時間以内に次工程に移す。
表面処理剤 （りん酸塩化成皮膜処理剤）	(1) さび落とし，脱脂など処理した鋼板露出部にはけで塗布し常温でりん酸塩皮膜を形成させる。5分ぐらいで皮膜形成が終了する。その後よく洗い流し，水切り乾燥してできるだけ早く次工程に移す。 (2) 主成分：りん酸と金属酸化物
板金パテ （ボディーフィラー）	(1) 主成分：不飽和ポリエステル樹脂とタルクなどの体質顔料。ベースに対しハードナー（過酸化物をペースト状にしたもの）を1〜3wt％加えてよく練り合わせてへら付けする。5〜30mmの深いくぼみを埋めるため用いる。 (2) ワックス形と空気酸化形のパテに分かれる。ワックス形は表面に浮き出たワックス皮膜が空気をしゃ断して，酸素の接触とモノマーの蒸発を抑えて硬化する。 　半硬化状態で（通常パテ付け後10分間程度）表面のワックス層などをサーフォームで削り取る。ワックス層が残留していると，次に塗る塗料の乾燥性や付着性に悪影響を与える。 　上記の点を改善した空気と反応する基を樹脂に導入したものがある。また中空バルーンガラスを入れて塗膜の比重を小さくしたライトウェイトパテもある。
ポリパテ	主成分：不飽和ポリエステル樹脂とタルクなどの体質顔料。ベースに対してハードナーを1〜3wt％加えてよく練り合わせてへら付けする。通常ノンワックス型で1〜5mmのくぼみを埋めるのに用いる。へら付け後，約1時間で研磨可能。
ラッカープラサフ	主成分：ニトロセルロースとアルキド樹脂および体質顔料。速乾性で塗装後，1時間程度で研磨可能。 厚付けできてシール性のよいもの，研磨しやすいものが好まれる。
ウレタンプラサフ （2液形ウレタンプライマーサーフェーサー）	塗料液と硬化剤（イソシアネート）を一定比率で使用直前に混合して用いる2液形ポリウレタン樹脂塗料である。 　一般にシール性がよく，耐水性，耐久性，付着力にすぐれ，自然乾燥で8時間程度，強制乾燥で60℃1時間程度である。
ラッカーパテ（拾いパテ）	上塗りを塗装する前に浅いきず，くぼみなど（0.2mm以下）を埋めるのに用いる。 アルミニウム粉を加えたシルバーパテは吸込みが少なく，研磨しやすい。

(表3-66つづき)

補 修 用 塗 料	工 程 お よ び 効 果
NCアクリルラッカー （変性アクリルラッカー）	主成分：ニトロセルロースとアクリル樹脂。 アクリル樹脂の透明性の特性を利用し，特にメタリック色の鮮映性，光沢および耐久性などラッカーエナメルより良好である。一般に使いやすい。
CABアクリルラッカー （ストレートアクリルラッカー）	主成分：セルロースアセテートブチレート（CAB）とアクリル樹脂。 NCアクリルラッカーより耐黄変性にすぐれるが，作業性や付着性に劣る。
ウレタンラッカー （2液形速乾ウレタン）	アクリルラッカーに類似した反応性ある塗料ベースに無黄変性イソシアネートをハードナーとして加える2液形塗料である。 塗料ベースとハードナーの比率は10：1としたものなどがある。補修上塗り塗料の中で最も多く用いられるタイプである。作業性が比較的良く速乾で硬化反応により塗膜が形成されるので，耐久性の良さをあわせてもっている。 最近ではニトロセルロースまたはセルロースアセテートブチレートをグラフトしたアクリル樹脂を用いた特長ある塗料がある。
アクリルウレタン	反応性あるアクリル樹脂を用いた塗料ベースに無黄変性イソシアネートをハードナーとして加える2液形塗料である。高級仕上げ用で鮮映性の極めて良い高耐久性の塗膜が得られる。 ウレタンラッカーと比べて乾燥が遅いのでブース内で塗装され，強制乾燥が行われる。最近ではさらに高い鮮映性のあるもの，メタリック2コートにおける作業性を改善したものなど，特色ある塗料が商品化されている。

（"塗装技術ハンドブック"より）

表3-67　　　　　　　　　　　自動車の補修塗装工程（例）

作 業 工 程		使 用 材 料	備 考
1．前処理	旧塗膜のはく離	はく離剤またはディスクサンダー#24～40	サンダーによる方法が一般に行われる。
	さび落とし	オービタルサンダー#80～120	鉄面をなめらかにする。
	脱　　脂	シリコーンオフまたは塗料用シンナー	ふき取る。
2．表　面　処　理		ウォッシュプライマーまたはりん酸塩処理液	鉄板露出部のみ

(表3-67つづき)

作業工程		使用材料	備考
3. 板金パテ付け		板金パテ	5～30mmくぼみ
4. 研磨	サーフォーム掛け（面出し）	サーフォーマーおよび丸形平形のこ歯ダブルアクションサンダー#80～120	半硬化後（パテ付け後10分程度）
	面ならし	オービタルサンダー#120～180	硬化後（パテ付け後約1時間）
5. ポリパテ付け		ポリパテ	
6. 研磨	空研ぎ	オービタルサンダー#120～180	硬化後（パテ付け後約1時間）
	手で水研ぎ	#240～340	
7. ウレタンプラサフの塗布		ウレタン系プライマーサーフェーサー	
8. 乾燥	強制	60℃ 1時間程度	
	自然	8～18時間	
9. 研磨	空研ぎ	オービタルサンダー#240～320	
	手で水研ぎ	#320～600	
10. 拾いパテ付け		ラッカーパテ	ひずみの残っているところのみ
11. 研磨	空研ぎ	#240～320	
	手で水研ぎ	#320～600	
12. 上塗り前準備（ワックス，油類ごみ除去）		シリコーンオフ，タックラグ	
13. 上塗り2～3回		ウレタンラッカー	最初薄塗りを1回，色決めを2回程度行う。（最終クリヤカットを行うことあり）
14. 乾燥	強制	60℃約1時間	乾燥後ポリッシュ仕上げすることあり
	自然	1日間	

（"塗装技術ハンドブック"より）

(4) プラスチック部品の補修塗装

最近，自動車部品のプラスチック化が積極的に行われている。これまでのフロントグリル，ランプハウジング，バンパーなどから，フェンダー，ドアパネル，ボンネット，ルーフなどのボディーの方へも移行しつつある。これらのプラスチック部品は，使用されている素材の性質によって，特殊な塗装系が必要となる。

プラスチック素材の種類は，今後さらに高機能をもったものが出現してくる見通しなので，増えるものと思われる。

現在使用されているプラスチック部品で，補修塗装の対象となるものの，注意すべき特徴と塗装上の主な対応策を表3-68に示す。

表3－68　　　　　　　　　プラスチック素材の特徴と塗装上の主な対応策

プラスチック素材	主な使用部品	注意すべき主な特徴	塗装上の主な対応策
ポリウレタン	バンパー	特に柔軟性である。	アクリルウレタン樹脂塗料に軟化剤を添加し，塗膜に柔軟性をもたせる。
ポリプロピレン	バンパー	塗料の付着性が非常に悪い。	ポリプロピレン専用プライマーを塗装して付着性を向上させてから，アクリルウレタン樹脂塗料に軟化剤を添加して塗装する。
ポリカーボネート	バンパー	耐溶剤性が特に悪く，溶剤によるクレージング現象を起こしやすい。	油性系プラサフなどの溶剤の弱いプラサフで素材をシールしてから，アクリルウレタン樹脂塗料を塗装する。
ＡＢＳ	フロントグリル フェンダー ドアパネル	耐溶剤性が悪い。	溶剤の弱いプラサフで素材をシールしてから，アクリルウレタン樹脂塗料に軟化剤を添加し塗装する。
ＦＲＰ（ＳＭＣ）	ボンネット トランク ルーフ		アクリルウレタン樹脂塗料で塗装する。

【練習問題】

次の問のうち，正しいと思うものには○印を，誤っていると思うものには×印をつけなさい。
(1) エアレススプレーは，霧の飛散や溶剤の揮発がエアスプレーより多く，塗料は低粘度で使用される。
(2) エアスプレーガンの操作で塗り重ねをする場合，一般的にはパターンの大きさの1/2から1/4を重ねるように吹きつける。
(3) エアホースで圧縮空気を送る場合，使用する空気量が多いと，圧力降下の割合が大きくなる。
(4) 静電塗装は，自動化がしにくい。
(5) 電着塗装は，塗膜の厚さが，ほぼ一定に管理できるので品質が安定する。
(6) 塗料をカーテン状に流して塗装するカーテンフローコーターは，塗面の平滑性がよくない欠点がある。
(7) 品質のよい塗料であれば，少々塗装作業が不適当であっても，塗膜への影響は少ない。
(8) 塗料の性質をよく調べ，使用方法を誤らないことが大切である。
(9) 塗装作業では，一度に厚く塗り込まない（乾燥不良，縮みなどが生ずることがある）。
(10) 一般に，亜鉛めっき鋼は，溶融亜鉛めっきおよび電気亜鉛めっきを施した鋼材である。
(11) 鉄面の素地調整には，化成皮膜処理はあまり効果がない。
(12) アルミニウム面の化成皮膜処理方法は酸化皮膜処理しかない。
(13) 金属面用のさび止め塗料には，油性系と合成樹脂系で，ラッカー系は乾燥が速いので用いられない。
(14) オイルプライマーは，ラッカーエナメルの下塗り塗料である。
(15) 有機系および無機系ジンクリッチペイント塗装では，ブラスト処理が必要である。
(16) 塗装系全体ならびに塗料本来の役目は，主として物体の保護と美観である。
(17) 金属塗装の前処理工程とは下塗りまでをいう。
(18) 新車の上塗り塗装は，電着塗装で仕上げる。
(19) 耐食性を要求される洗たく(濯)機の塗装素材には，亜鉛めっき処理鋼板が用いられることが多い。

(20) がん(玩)具の塗装に用いられる塗料の顔料には，重金属の含有率に規制がある。
(21) プラスチック塗装における前処理工程のアニーリングは，表面を清浄にする目的で行われる。
(22) 特殊な要求に応じて行われる特別な塗装を，機能塗装という。
(23) 耐薬品性能や耐久性能は，塗膜の厚さに大きく影響される。
(24) 耐熱塗装では，耐熱性と同時に防せい(錆)性能が必要である。
(25) 防せい(錆)塗装では，素地調整より膜厚のほうが重要である。
(26) 建物内部のかび発生を防ぐには，温度（20～30℃）と湿度（85％以上）の環境が重要である。
(27) 特殊塗装（変わり塗り）は，特殊なテクニックによってのみ行える塗装である。
(28) 特殊塗装（変わり塗り）は，視覚的により特殊な効果を持たせることを目的としている。
(29) メタリック塗装において，スプレーガンの運行速度を速くすると色が濃くなる。
(30) クラッキング塗装において，模様を付けた後にクリヤを塗装するのは，光沢を上げ美観を向上させるためだけである。
(31) 乱糸塗装には，乱糸ガンを用いる。
(32) 塗り替え塗装では，早期発見と早期対処が大切である。
(33) 旧塗膜のはく離は，すべてはく離剤による化学的方法が用いられる。
(34) はく離剤の使用は，素手で取扱うのが望ましい。
(35) 自動車の補修塗装では，作業性を考慮して焼付けのメラミン樹脂塗料が多用されている。
(36) 塗り替え塗装では，旧塗膜をすべてはく離しなければならない。

二級技能士コース
塗装科〔選択・金属塗装法〕

平成 6 年11月 1 日　初 版 発 行	定価：本体1,068円+税
令和 4 年 9 月30日　4 刷 発 行	

編集者　独立行政法人　高齢・障害・求職者雇用支援機構
　　　　職業能力開発総合大学校　基盤整備センター

発行者　一般財団法人 職業訓練教材研究会

〒162-0052
東京都新宿区戸山1丁目15－10
電　話　03（3203）6235
FAX　03（3204）4724

編者・発行者の許諾なくして本教科書に関する自習書・解説書若しくはこれに類するものの発行を禁ずる。

ISBN978-4-7863-3216-6